粗糙食堂 II

一个人的幸福餐

莲小兔 著绘

中信出版集团 · 北京

图书在版编目（CIP）数据

一个人的幸福餐 / 莲小兔著绘 . -- 北京：中信出
版社 , 2018.6（2021.8 重印）

ISBN 978-7-5086-8912-8

Ⅰ . ①一… Ⅱ . ①莲… Ⅲ . ①食谱 Ⅳ .
① TS972.12

中国版本图书馆 CIP 数据核字 (2018) 第 089053 号

一个人的幸福餐

著　绘：莲小兔
出版发行：中信出版集团股份有限公司
　　　　　（北京市朝阳区惠新东街甲 4 号富盛大厦 2 座　邮编　100029）
承　印　者：北京利丰雅高长城印刷有限公司

开　本：880mm×1230mm　1/32　　印　张：5.75　　字　数：133 千字
版　次：2018 年 6 月第 1 版　　　　印　次：2021 年 8 月第 3 次印刷
书　号：ISBN 978-7-5086-8912-8
定　价：49.00 元

序 一个人，幸福的起点

大家好！我人生中出版的第一本书——《一个人的幸福餐》升级啦！除了部分内容有更新以外，还增加了一些新内容：一个人做饭的食材准备以及储存方式。

说到这本书，我想起了自己当初确立的人生梦想（好像还没有和大家说过）：

坚持不懈地创作，然后出很多很多的书。

为什么说这是人生梦想呢？因为这是需要坚持不懈，用我一生的时间去实现的大梦想。之前一直不好意思说，总怕哪天被"打脸"（哈哈哈），但是我一直在坚持努力。这样，很多很多年以后，等我老了，不在了，我的书还能替我留在世上，有一种"我来过这个世界，好歹留下了些什么"的感觉（请不要说我幼稚）。

当然，我也有很多很多小小的梦想，在为人生梦想努力的时候，给自己定一些小目标、小追求，实现了会特别满足。

我热爱我的生活，喜欢美食，喜欢画画。而把我最喜欢的东西结合起来，还能出书，实现人生梦想，我真的觉得特别满足（又说了一遍满足，我是真的很满足了）。

好了，说回这本书吧。

这本书的第一版是 2014 年 6 月上市的。当时刚毕业的我住在小出租屋里，通过做美食来丰富自己的生活。现在都市的生活忙忙碌碌，很多人会选择下班以后将就着吃饱了过。但我觉得，生活不能将就，就像你不能因为忙碌而让自己的嘴和胃将就。曾经有个朋友说，生活要有仪式感，因为你不去为自己的生活张罗，很多美好的东西会慢慢地被日复一日的生活埋没。我觉得对待食物也是一样。

周围的朋友大部分和我一样，大学毕业后在自己喜欢的城市打拼，同时喜欢着美食，不因为生活太忙碌而将就。《一个人的幸福餐》出版之后这些年里，我这个"野路子"也累积了更多经验。一个人也好，上班忙碌也罢，我都能一次性整理好一周的食材，用更简便快捷的方式做出各种各样的美味，让自己的嘴巴满足。

因此决定再版这本书的时候，我决定给它升级一下，就像现在的我比起 2014 年也升级啦！每一本书都见证着我的成长。

最后，希望即使是一个人吃饭的你，也能吃出满满的幸福感。

莲小兔

目录

1 开始一个人的幸福餐

2 我家的常备菜和百搭酱

3 工作日的四季食谱

4 周末好食光

◆ 睡够了吃个早午餐

◆ 做顿大餐犒劳自己

书中计量参考

1 大勺 =15ml

1 勺 =10ml

1 小勺 =5ml

1 茶匙 =5ml

01

开始一个人的
幸福餐

一个人的厨房

大学毕业以后我来到厦门，开始自己租房子住。最早租的房子没有独立厨房，但是有个大阳台。在阳台的一头，房东围了半圈铁皮，供做饭用。所以刚开始我都是在阳台上做饭的。因为阳台光线不好，还叫朋友帮忙，接了个灯泡。

即使身处这样简陋的厨房，我也买了烤箱、微波炉、炖锅、紫砂锅和电饭煲。

烤箱 ‧‧‧‧‧

沥水架 ‧‧‧‧‧

再后来租的房子，有个比较大的餐厅，却依旧没有独立厨房，连大阳台也没有了，于是就在饭桌上做饭，做完收拾好再吃。

电陶炉 ‧‧‧‧‧

2017年，我终于有独立的厨房啦，好开心！虽然房子不大，甚至连灶台都没有，但是我可以自己规划厨房布局。我把之前买的旧书架用作香料柜，旧的厨房置物架拿来做灶台……旧的东西都规划到新的厨房里，刚刚好！现在我的厨房也是五脏俱全，开心！

旧的厨房置物架 ‧‧‧‧‧
用作灶台

左页图 旧书架改作香料架。

上图 餐具和烹饪工具都整齐地收在这两组小柜子里。

做出好吃米饭的窍门

 ## 蒸饭的窍门

● 第一大秘籍——洗米

洗米一定不要超过 3 次，否则米里的营养会大量流失，蒸出来的米饭香味也会减弱。记住，洗米不要超过 3 次。

● 第二大秘籍——泡米

先把米在冷水里浸泡 1 个小时，让米粒充分吸收水分。这样蒸出来的米饭会粒粒饱满。

● 第三大秘籍——米和水的比例

蒸米饭时，一般米和水的比例应该是 1：1.2。有一个特别简单的方法来测量水量，将食指放入水里，米面上的水没过食指的第一个关节就可以。泰国香米和水的比例是 1：0.8。

● 第四大秘籍——增香

如果您家里的米已经是陈米，没关系，陈米也可以蒸出新米的味道。就是在经过前三道工序后，在锅里加入少量精盐或花生油，记住，花生油必须烧熟且晾凉，在锅里加入少许即可。插上电，开始蒸。蒸好的米饭，粒粒晶莹剔透、饱满，米香四溢。

蒸饭小妙招

● 加醋蒸饭法

蒸米饭时如果担心吃不完剩下，可按 1000g 大米 35g 食醋的比例向锅内加一点儿食醋。这样蒸出的米饭并无酸味，相反饭香更浓；而且即使剩些米饭，不放入冰箱内一两天也不会变馊，甚至再次蒸后，剩饭也像新蒸的一样好吃。

● 加酒蒸饭法

此法适用于半生不熟的夹生饭。当发现蒸出的米饭夹生后，尽快向蒸锅内加几滴白酒，然后用文火略蒸一会儿，便可食用。

● 加盐蒸饭法

此法适用于陈米，在蒸饭前加入少量食盐，然后用筷子将其搅匀，这样蒸出的米饭色泽光亮，似新米蒸的。

● 加油蒸饭法

在盖上锅盖之前，向锅中加入少量食油或西餐用沙拉油，可使蒸出的米饭金光灿亮且更加柔软香甜。

● "斜度"蒸饭法

三代同堂，合家欢乐。可就是蒸饭时不方便，长者想吃软饭，幼者爱吃硬饭。有些孝顺的孩子在盛饭时往往给长辈装饭锅中央的饭，以为中央的米饭松软可口，其实不然。如果在蒸饭前有意将入锅的米粒堆出斜度，使厚端浸水少，薄端浸水多，那么蒸出来的米饭便软硬兼得，即浸水少的部分米饭略硬，浸水多的部分米饭松软，众口不再难调。

炒绿叶时蔬的小窍门

炎出美味青翠的青菜

叶菜类

1 青菜切好，分梗与叶两部分。

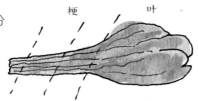

2 烧一锅水，水量以能盖过青菜为宜，水开后，可加入约 1 大匙色拉油，目的是让青菜的颜色变得翠绿。菜梗部分比较难煮软，所以水一开就可以先下锅。

3 菜梗下锅约 30 秒后，再放入菜叶部分汆烫约 30 秒，即可捞起沥干。

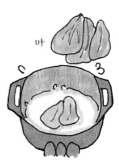

根茎类

烫青菜的时间，根据青菜切好后的大小与水量多少来斟酌，整体来说，根茎类需烫 30 秒至 2 分钟，叶菜类需烫约 30 秒。

提示 若要做成凉菜，可在烫好捞起后，再放入冰水中冰镇一下，以保持颜色青翠。

 **炒青菜**

锅热倒油，油热后下蒜末爆香，下青菜（沥干的）翻炒两下，下盐、鸡精调味，炒匀即可。

烫好的青菜　蒜末　盐　鸡精

还在为炒不好青菜而烦恼吗？
大排档炒青菜就是那么嫩绿！

窍门在此：分两步，先烫再炒！

处理虾的小窍门

认识虾包

虾包，也叫沙包，是虾的胃，很脏。当我们用整只虾当食材的时候，一定要去掉虾包。

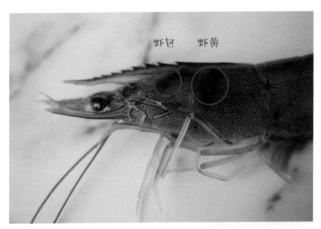

虾包　虾黄

虾包　虾黄

把眼睛和角剪掉。

沿着虾包斜剪一刀。

虾包露出。

把虾包挖出来。

去虾线

虾线是虾的消化道，也需要处理掉。

把牙签刺进虾的第二节。 把虾线挑出来。

剥虾仁

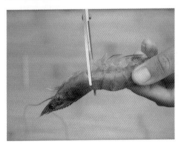 

剪掉脚和头。 剪开肚子。

将处理好的虾速冻 30 分钟后再剥，会超级好剥！

食材的保存

了解食材的储存时间

● 鱼类可以冷冻保存4~6个月。

● 肉类可以冷冻保存 6 个月。

● 鸡、鸭可以冷冻保存 6 个月。

● 绿叶蔬菜拿牛皮纸或者厨房用纸包起来冷藏存放，一般都能保存3~5天。

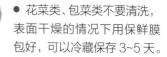

● 花菜类、包菜类不要清洗，表面干燥的情况下用保鲜膜包好，可以冷藏保存 3~5 天。

● 葱、姜、蒜可以冷藏储存 3~4 周。

● 红薯、土豆、芋头，保持干燥的情况下，放在阴凉处可以保存 1 周左右。

● 新鲜的菌菇类可冷藏存放 5~7 天。

每周处理一次食材

蔬菜类

葱、姜、蒜使用比较频繁，可以切成常用大小，分别冷藏。统一处理一次，可以在冰箱冷藏保存 1~2 周。其他蔬菜每周购买一次，吃新鲜的最好。

肉类

肉类按每次使用的量，切块分装冷冻起来；使用前一夜放到冷藏室，第二天就可以用啦！还可以进一步按照一周食谱中的制作方式，切割后腌制冷冻保存。

肉馅类

将 200g 左右的肉馅装入密封保鲜袋里，压平以后，用筷子平分成 4 格，相当于每格约 50g，再冰冻，之后可以按量取用。

2

我家的常备菜
和百搭酱

冷藏
保存

番茄卤肉

【食材】

五花肉 500g　新鲜番茄 600g　蒜头酥 100g
（没有可以不加）

【调味料】

酱油 80ml　冰糖 20g　米酒 30ml　开水 适量

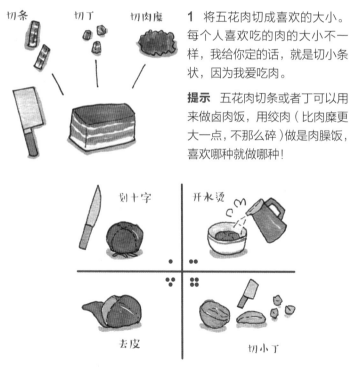

切条　　切丁　　切肉糜

1 将五花肉切成喜欢的大小。每个人喜欢吃的肉的大小不一样，我给你定的话，就是切小条状，因为我爱吃肉。

提示　五花肉切条或者丁可以用来做卤肉饭，用绞肉（比肉糜更大一点，不那么碎）做是肉臊饭，喜欢哪种就做哪种！

划十字　　　　开水烫

去皮　　　　　切小丁

2 番茄去皮，切成小丁。

18

肉　番茄丁　米酒　酱油

—中到大火

3 锅内加入两大勺油，先将切好的肉炒熟，再加入酱油、番茄丁、米酒，翻炒均匀。

4 加入可以淹没食材的开水，再次煮开后，再转入电炖锅慢慢炖。焖煮1.5~2小时即可。（没有电炖锅，可直接在你的炉子上炖，小火加盖炖2小时即可。）

—大火转小火

5 在起锅前10分钟加入蒜头酥。起锅前尝一尝，按自己口味加盐。

—小火

番茄卤肉做完后，放冰箱可以冷藏保存2周。没有蒜头酥可以不加。但是因为加了番茄，所以不能用葱头酥，会不对味。

19

自制午餐肉

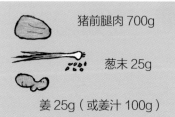

猪前腿肉 700g

葱末 25g

姜 25g（或姜汁 100g）

切切切

呀呼~

A 组 用料理机打成泥或手工剁成泥。

鸡蛋 1.5 个　水 136g

面粉 36g

豌豆淀粉 65g

B 组 面粉、淀粉、鸡蛋搅拌成稀糊状。

D 组

红曲粉 2.5g（可无）
蒜粉 5g 辣椒粉 8g

提示 此组自由选择，做蒜味或香辣味的，都可不加。给出的是大概比例。

C 组

食用油 14g

生抽 20g

十三香或五香粉 10g

盐 7g

鸡精 5g

糖 15g

1 将 A、B、C、D 组混合，用筷子朝一个方向拌匀。

2　在餐盒里刷一层油（方便肉脱模），放入搅拌好的肉。记得压实，要盖盖子。

3　水烧开后，将餐盒放入锅中，中火蒸 30 分钟即可。

切一切

煎一煎

　　午餐肉超级美味。超市里卖的总是不放心，自己做的才放心。用好肉、好料，很容易做哟！

　　做完可以存放在冰箱里。煎着吃，放在面里吃，夹在三明治里吃，放进火锅里吃，炒菜时吃……多种吃法，超级方便！

冷藏保存

干炸带鱼

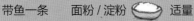

【食材】

带鱼一条　面粉 / 淀粉　适量

【腌料】

姜 3片　料酒 1勺　盐少许　黑胡椒少许（按个人喜好）

姜片　盐　料酒

用厨房纸吸干　蘸粉

1 带鱼切片洗净。切多大片？随便切！放姜片、料酒、盐、黑胡椒（我干煎喜欢加这个），腌制30分钟。（如果要红烧就少加一些盐。）

2 吸干带鱼表面水分，蘸一层薄薄的面粉或淀粉。（如果蘸的粉太厚，说明没吸干水分！）放入锅中用少许油煎（不嫌油多的可以炸），中火煎到两面金黄就可以啦！

喜欢吃干煎的可以直接吃啦！煎后的带鱼可以冷藏或者冷冻，取出后还可以做其他口味的带鱼。

红烧带鱼

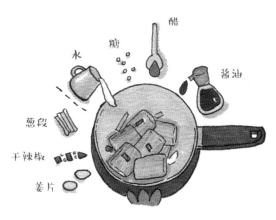

水　糖　醋　酱油
葱段
干辣椒
姜片

【食材】
干炸带鱼
【调料】
姜2片
葱1根
干辣椒3个
（可不加）
酱油2勺
醋1勺
糖1勺
水适量

1　锅内放一大勺油，烧热，把姜片、葱段、辣椒爆香，放入干炸带鱼，加水到快没过带鱼，加入所有调料。

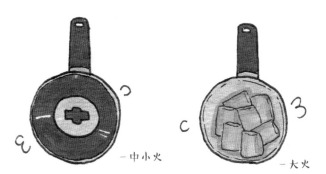

－中小火　　　　－大火

2　盖锅盖，中小火煮10分钟左右。打开盖，大火收汁就可以吃啦！

23

糖醋带鱼

【食材】
干炸带鱼

【调料】
姜 2 片
葱 1 根
酱油 1 勺
醋 2 勺
糖 2 勺
水适量

醋

葱段

糖

姜片

酱油

水

1 锅内放一大勺油烧热，把姜片、葱段爆香，放入干炸带鱼，加水到快没过带鱼，加入所有调料。

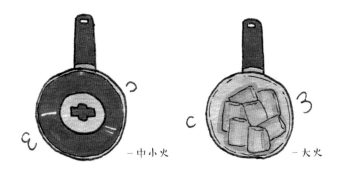

—中小火

—大火

2 盖锅盖，中小火煮 10 分钟左右。打开盖，大火收汁就可以吃啦！

冷藏保存

万能香菇肉酱

肉酱

【食材】

肉馅 350g （肥三瘦七）　干香菇 20g　葱、姜适量

甜面酱 2 勺 （吃辣加郫县豆瓣酱）　胡椒粉适量　香醋适量

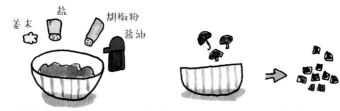

1 将肉馅与调料拌匀，腌两小时。

2 香菇泡发、切碎。

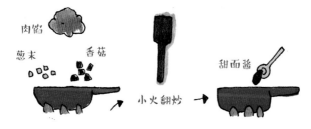

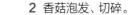 小火翻炒

3 锅中油热后，爆香葱末和香菇，再加肉。

4 肉馅吐油后，下甜面酱，翻炒 5 分钟。肉和油完全炒匀后，滴少许香醋炒匀即可。

可冷藏一至两周。可以用来拌饭、拌面，蒸肉末豆腐，浇在各种烫过的时蔬上也可。居家旅行必备良品！非常万能、方便，而且没有防腐剂哟。

凉拌菜你吃了吗？

需要蒸熟

一般水开后蒸 10 分钟左右，可以随时打开锅盖，用筷子戳，能戳透就可以了。

茄子

红薯

芋头

需要煮熟

水开后，将食材处理好后再放进去。绿叶菜和豆皮、豆芽以及藕片等，当水再开时一般就可以了。像土豆丝、胡萝卜丝等一些根茎类的食材，需要试吃一下，根据自己喜欢的爽脆程度决定。而像豆类、菌菇类、海带等，则需要煮得久一点儿。

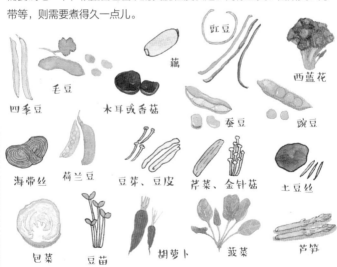

四季豆　毛豆　木耳或香菇　藕　豇豆　西蓝花　蚕豆　豌豆

海带丝　荷兰豆　豆芽、豆皮　芹菜、金针菇　土豆丝

包菜　豆苗　胡萝卜　菠菜　芦笋

直接吃

很多食材可以洗净，切块、切丝后直接吃。

 豆腐

 皮蛋

 黄瓜

番茄　　　青椒、甜椒　　　洋葱　　　葱

调料自助选择 常备调味料，做菜不发愁

蒜蓉　葱花　香菜末　熟花生　红米椒　芝麻　花椒油

辣椒末　姜末　芝麻酱　生抽　蚝油　红油

芝麻油　香醋　老干妈　椒盐粉　盐　糖　孜然粉　胡椒粉　泰国辣酱

3

工作日的
四季食谱

做好每周食谱计划

一个人买菜做饭最痛苦的是，每天都要想吃什么，食材的分量也不好掌握。如果每天下班后再去为晚餐采购，那么时间就会变得非常紧张。长此以往，就会越来越难以坚持在家做饭，变成外卖党或者外食族。

如果能利用周末时间提前规划好一周的食谱，就能将工作日每天的小烦恼统统丢掉。大多数食材储存一周也可以保证新鲜度。每周对冰箱进行一次大检查，让自己每一天都能吃到新鲜好味道。

 1.做一周的食谱计划

主菜 牛肉饭、芒果酱炒虾、虾头炖豆腐、孜然椒盐小土豆、麻辣口水鸡

配菜 凉拌黄瓜、泰酱拌粉丝、手撕杏鲍菇、麻酱菠菜

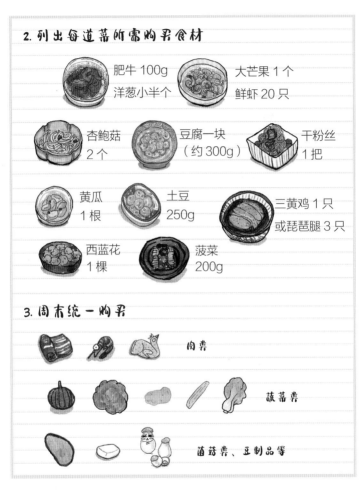

2. 列出每道菜所需购买食材

肥牛 100g
洋葱小半个

大芒果 1 个
鲜虾 20 只

杏鲍菇
2 个

豆腐一块
（约 300g）

干粉丝
1 把

黄瓜
1 根

土豆
250g

三黄鸡 1 只
或琵琶腿 3 只

西蓝花
1 棵

菠菜
200g

3. 周末统一购买

肉类

蔬菜类

菌菇类、豆制品等

选择每周食材，要注意食材的多样性以及荤素搭配。如果因为加班等其他原因来不及做饭，也可以用上一章的常备菜来救场。

元气满满的周一

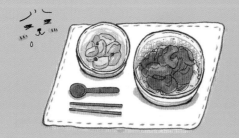

电饭煲牛丼饭

【食材】

米 吃多少煮多少　肥牛 100g　洋葱 小半个

【调料】

糖 1勺　清酒 1勺　酱油 1大勺　味醂 1大勺

1 将调料搅拌均匀后，把肥牛片泡进去。

2 取一片锡纸，将四角捏紧，折成盒子的形状，洋葱切丝垫底，把第 **1** 步准备好的汤汁和肥牛全部倒入，折起来密封好。

3 电饭煲里倒入洗好的米，加水，放上包好的锡纸包，盖上盖子按下煮饭键，等煮饭键弹起就可以啦。

凉拌黄瓜

【食材】	【调料】		
黄瓜 1 根	白砂糖 2g	色拉油 5ml	盐 3g
	醋 10ml	蚝油 15ml	
	老干妈 10ml	鸡精 2g	葱、芹菜适量

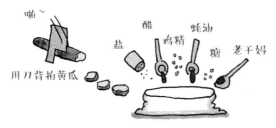

1 洗净黄瓜，用刀背拍成四条后，切成小段。

2 把所有调料和黄瓜全部倒入保鲜袋中。

3 抓匀即可。最后可按喜好加入葱和芹菜。

渐入佳境的周二

芒果酱炒虾

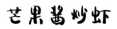

【食材】

大芒果 1个　椰浆3大勺　鲜虾 20只

柠檬 半颗　淡奶油 2大勺　糖 2勺

青豆和玉米粒适量　（青豆和玉米粒可以买速冻的）

【腌虾调料】

盐1/2茶匙　姜小半块　料酒1勺

1 虾去头和壳，去虾线（处理虾的方法见P11），加盐、姜、料酒腌制片刻。

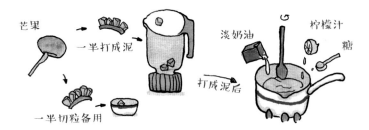

2 取芒果肉，一半切粒备用，一半打成泥。往芒果泥中加柠檬汁、淡奶油、糖、椰浆，小火熬成芒果酱。

3 油下锅，倒入青豆、玉米煸炒。

4 加虾，翻炒至断生。

5 加芒果酱、盐，炒匀。收汁后，加入备用的芒果粒，炒匀即可。

泰酱拌粉丝

粉丝　　　过冷水

1 粉丝放入沸水锅中煮透，捞出用冰水冷却，沥尽水分。

【食材】

干粉丝 2 把

红葱头 60g

鲜红尖椒 2 个

泰国辣酱 35g

蒜 20g

小葱 3 根

虾米 15g

鱼露、白糖各 10g

色拉油适量

红椒圈　小葱末　泰国辣酱
红葱头末　　虾米
白糖　　　　　　鱼露

2 红葱头末、红椒圈、小葱末和虾米同放在小盆内，倒入 15g 烧热的色拉油，再加鱼露、白糖和泰国辣酱调匀成汁，加粉丝拌匀，即成。

努力加油的周三

好饿！快开动！

手撕杏鲍菇

【食材】

杏鲍菇 2 个

【调料可选】

辣椒　醋　酱油　糖　芝麻油

盐　蒜　姜　葱

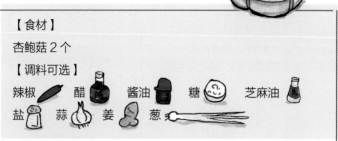

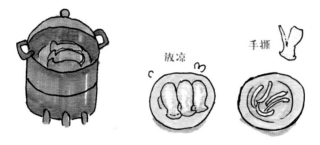

放凉　　　手撕

1　杏鲍菇洗净后中火蒸 8~10 分钟，冷却后手撕成小条。

2　选择你喜欢的调料，与杏鲍菇拌匀即可。

鲜嫩多汁~

虾头炖豆腐

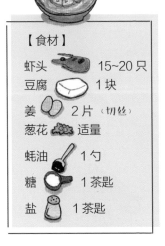

1 按照 P12 的方法处理虾头。可以用前一天做芒果酱炒虾剩下的虾头。这道菜的鲜味主要来自虾头，如果实在不喜欢虾头，也可以用虾仁代替。

【食材】

虾头		15~20 只
豆腐		1 块
姜		2 片（切丝）
葱花		适量
蚝油		1 勺
糖		1 茶匙
盐		1 茶匙

盐

豆腐切小块

2 豆腐切块，锅内水烧开，加少许盐，下豆腐块焯一下（也可以把豆腐块用盐水浸泡半小时），捞出沥干。

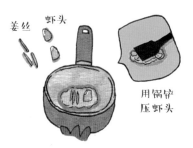

姜丝　虾头

用锅铲压虾头

不喜欢吃豆腐的，可以把虾煸出红油后加水煮五至六分钟，加入你喜欢的蔬菜和菌菇类，超级鲜的！

3 锅内油热，爆香姜丝，再下虾头煸出红油。（煸的时候用锅铲按压虾头，把精华都煸出来。）

4 煸出红油后，加开水没过虾头，倒入焯好的豆腐块、蚝油、白糖，煮开后，转小火盖盖子炖 10 分钟。

5 起锅前加盐调味，按自己的喜好增减用量，撒上葱花（如果加虾仁，起锅前加入，翻炒均匀，虾仁变色熟了，就立刻关火）。

黎明之前的周四

孜然椒盐小土豆

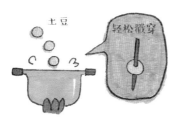

1 土豆洗干净，水煮至能用筷子轻易刺穿。然后立刻冲冷水，不要煮太烂。

【食材】

小土豆 250g
（买不到小土豆就用大土豆切块）

蒜 3 瓣

葱花适量

白糖 1 勺

火腿丁适量

孜然粉、椒盐、辣椒粉、黑胡椒按自己口味加

土豆球

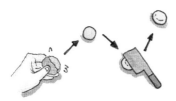

2 用手一捏，去掉皮，用刀背轻压，压扁，不要压太烂了。

3 锅里加点油，烧热，爆香蒜蓉（蒜提前切成蒜蓉），放入压扁的小土豆，小火煎到两面金黄。

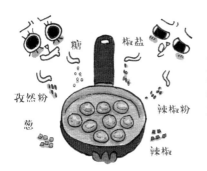

4 撒上一勺白糖，按自己口味放入适量的孜然粉、椒盐、辣椒粉，翻炒均匀后，加入葱花，喜欢的话可以放入新鲜的辣椒（切碎），翻炒均匀即可。

土豆饼

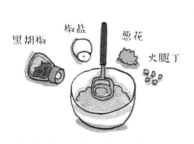

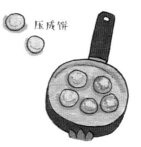

2 把土豆去皮压成泥，加入喜欢的调味料，比如黑胡椒、椒盐、葱花、火腿丁（我喜欢加这些），搅拌均匀。

3 把搅拌好的土豆泥压成饼，平底锅中倒入油，土豆饼本来就是熟的，就煎到两面焦黄即可。

麻酱菠菜

【食材】

菠菜 200g

【调料】

芝麻酱：生抽：芝麻油 = 1：1：1

生抽　芝麻油　芝麻酱

1 烧一锅水，放入适量盐。

2 水开后放入菠菜，约 10 秒钟，断生立马捞起。

3 捞起后挤干水分，切段码好（有人喜欢做成团）。

4 将芝麻酱、生抽、芝麻油搅拌均匀调成酱汁，淋在码好的菠菜上即可。

超级开心的周五

麻辣口水鸡

姜片　香葱　料酒

【食材】

三黄鸡 1 只

【调味料】

香葱 1 把

姜 2 片

料酒少许

食用油 5 汤匙

花椒 1 汤匙

辣椒粉 1 汤匙

花生碎 1 汤匙

白芝麻 1 汤匙

生抽 1 汤匙

醋 1 汤匙

芝麻酱 1 茶匙

白糖 1 茶匙

姜、蒜、葱适量

1　三黄鸡洗净放入锅中，加姜、葱、料酒，大火煮开，转中火煮 15 分钟后焖 15 分钟（中途不要打开锅盖）。

提示　如果一个人吃，也可以用琵琶腿。煮料一样，用大火烧开，转中小火煮 5 分钟，焖 15 分钟。

2　焖后立刻泡冰水 15 分钟。

食用油　花椒

3　花椒用小火炸香，捞出。

辣椒粉

4 继续用中小火把油烧热（10~20
秒）。关火后，放一小会儿再倒入
辣椒粉中拌匀（否则会焦黑）。

5 在干燥的锅
里倒入芝麻和
花生碎炒香，
倒入 **4** 中备用。

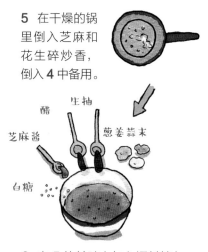

醋　　生抽

芝麻酱　　　　　葱姜蒜末

白糖

6 在 **5** 的基础上加入调料拌匀，
鸡从冰水中取出切块，淋上酱汁即
可。

蚝油西蓝花

【食材】

西蓝花1棵 盐适量 蚝油2勺

芡汁1大勺 蒜末适量 食用油少许

1 西蓝花掰成小朵，用淡盐水泡30分钟。

2 锅中倒水，加入1/2小勺盐和少许食用油，大火烧开下西蓝花，煮1分钟，捞出备用。

高汤（没有可不加）
芡汁
蚝油

3 蚝油和芡汁拌匀备用。

4 将炒锅烧热，倒油爆香蒜末；下西蓝花翻炒均匀。

5 放入蚝油芡汁，改小火，翻炒至芡汁均匀裹在西蓝花上即可。

元气满满的周一

奶酪番茄亲子丼

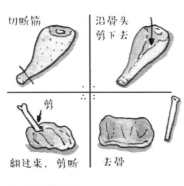

切断筋

沿骨头剪下去

剪

翻过来，剪断

去骨

【食材】 （1人份）

鸡蛋 1个

鸡腿 1个

洋葱 1/5个

马苏里拉奶酪 20g

【A组】

番茄 半个

水 10ml

糖 1/2 茶匙

蒜蓉 1瓣的量

盐适量

黑胡椒适量

1 给鸡腿去骨。

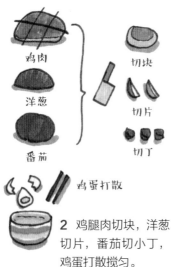

鸡肉

切块

洋葱

切片

番茄

切丁

鸡蛋打散

2 鸡腿肉切块，洋葱切片，番茄切小丁，鸡蛋打散搅匀。

鸡肉　洋葱

c　3

3 不粘锅用中火加热，鸡皮向下煎至鸡出油后翻面煎，再加入洋葱略微翻炒一会儿。

4 加【A组】煮开后，加盖小火煮6分钟。

5 开盖，再加马苏里拉奶酪，奶酪稍微熔化后倒入蛋液。关火，盖上盖子焖1分钟，待蛋液表面稍稍凝固即可。

6 把菜盖在米饭上，会拉丝儿的奶酪番茄亲子丼就做好啦！

味噌虾米汤

【食材】

虾米 1小把
味噌 1勺
葱花 适量
热开水 150ml

把所有材料放入碗里，加150ml热开水，搅匀就可以啦！

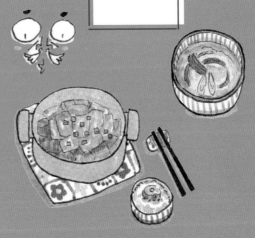

渐入佳境的周二

豆腐烧肥牛

【食材】

肥牛片 200g　豆腐 1块　大葱 1/2根　葱花适量

【A组】

酱油2勺　料酒1大勺　水3勺　糖1勺　蒜末2瓣的量

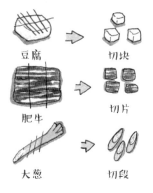

豆腐　→　切块

肥牛　→　切片

大葱　→　切段

1 豆腐切块，大葱切段，肥牛切一下。

3 加盖煮开后，转小火煮8分钟（加盖煮）。出锅前，撒上葱花就可以吃啦！

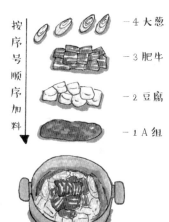

按序号顺序加料

－4 大葱
－3 肥牛
－2 豆腐
－1 A组

2 把所有【A组】放入锅中，搅拌均匀，豆腐块垫底，放入肥牛片，大葱段码放在边缘。

提示 喜欢吃辣的自己加辣椒！如果喜欢吃寿喜烧味，就加一些味醂或者"米酒＋糖"。

蟹肉棒鸡蛋汤

葱花　蚝油　鲜酱油

鸡蛋　　　　　　　　高汤

蟹肉棒　　　　　　白胡椒

【食材】

鸡蛋 1个

蟹肉棒 3根

葱花 适量

【A组】

高汤 / 水 200ml

蚝油 1勺

鲜酱油 1小勺

白胡椒 适量

提示 可以用 P54 鸡腿去骨的骨头 煮高汤来用。

1 鸡蛋在碗里打散,放拆散的蟹肉棒、葱花和【A组】,搅拌均匀。

2 碗不用加盖,微波炉中火(500W)加热 5 分钟。吃之前按自己喜好加点芝麻油就可以啦!

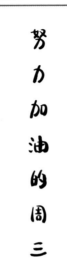

努力加油的周三

麻辣香锅鸡翅

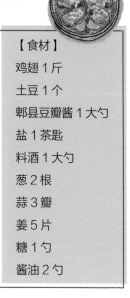

【食材】

鸡翅 1 斤

土豆 1 个

郫县豆瓣酱 1 大勺

盐 1 茶匙

料酒 1 大勺

葱 2 根

蒜 3 瓣

姜 5 片

糖 1 勺

酱油 2 勺

料酒

鸡翅

盐

1 在鸡翅表面划几刀方便入味，用盐和料酒腌 30 分钟。

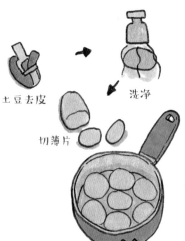

土豆去皮

洗净

切薄片

2 土豆洗净、去皮、切薄片。锅内倒油，小火煎熟土豆，盛出备用。

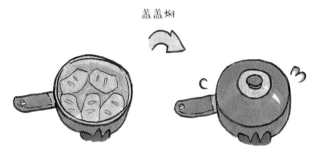

盖盖焖

3 用不粘锅，不用加油，小火煎鸡翅，盖上锅盖焖煎至一面金黄，再翻面煎至全熟，盛出备用。锅内会有鸡翅皮煎出来的油，留着备用。

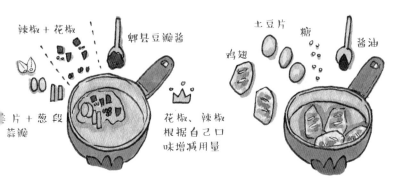

辣椒＋花椒

郫县豆瓣酱

姜片＋葱段
蒜瓣

花椒、辣椒
根据自己口
味增减用量

土豆片

糖

酱油

鸡翅

4 小火先放姜煎一下，姜有点焦后再放葱和蒜爆香；放辣椒、花椒爆香，再放郫县豆瓣酱炒出红油。

5 红油中加入鸡翅，不断翻炒，让鸡翅裹上酱料，再加糖、酱油和土豆片，不断翻炒均匀，让食材全裹上酱料即可。

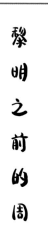

黎明之前的周四

上汤丝瓜

【食材】

丝瓜1根 咸蛋黄2个 皮蛋1个 火腿丁适量 清水1碗

蒜2瓣 鸡精适量

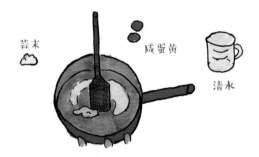

蒜末　咸蛋黄　清水

1 蒜末爆香，中火把咸蛋黄炒散炒化，加碗清水。

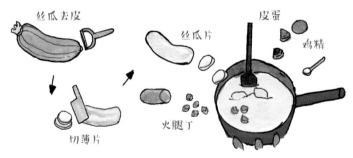

丝瓜去皮　丝瓜片　皮蛋　鸡精

切薄片　火腿丁

2 丝瓜去皮，切薄片，和火腿丁一起入锅煮熟（喜烂就多煮会儿），
快出锅前下皮蛋，最后加点鸡精调味即可。

炖蛋

【食材】

鸡蛋 1个　香菇 1个　虾仁 3个　盐适量

高汤 鸡蛋液的 1~1.5 倍的量

香菇切片

虾仁去虾线

1 香菇切薄片，虾仁去虾线。

盐　高汤

鸡蛋

提示 若没有高汤，则用温水代替，可以防止产生气泡。

2 鸡蛋加高汤和盐，打匀（咸淡自己尝一下）。

过滤

香菇

3 过滤蛋液（为了让炖蛋更嫩滑），放入香菇片。

4 给碗盖上盖子，或包上保鲜膜。水开后放入锅内，大火蒸 3 分钟。

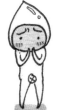

除了香菇，还可以放：

蟹肉棒　鱼饼　秋葵

白果　文蛤　芦笋

超级开心的周五

番茄龙利鱼

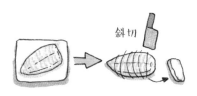

斜切

✓ 对　✗ 错

斜切大片　竖切小条

1　鱼柳在室温解冻，用厨房用纸吸水分后切片，不要太薄也不要太厚，差不多 0.7cm 左右。斜着片鱼，鱼片越大越好。

鱼片　油

盐　料酒

淀粉

2　鱼片加盐、油、料酒、淀粉抓匀，放一边备用。

【食材】

龙利鱼鱼柳 1 条

大番茄 3 个

蒜 3 瓣

【腌料】

盐 1/2 勺

油 1 小勺

料酒 1 小勺

淀粉 2 大勺

【汤汁调味】

盐 1 茶匙

鸡精 1/2 茶匙

（不喜欢鸡精的可以用糖代替）

白芝麻适量

提示　如果汤汁的番茄味不够，可以加 1 勺番茄酱提味。看个人喜好，好番茄是不需要再加番茄酱的。

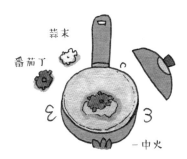

蒜末
番茄丁
—中火—

3 锅里加一点油，烧热后加番茄丁，翻炒一会儿，再加蒜末翻炒均匀。中火，盖盖子焖软番茄，如果怕煮得太干，就改中小火。这步比较久，要有耐心。

4 番茄变软出水后，加半盆水（汤盆），盖上盖，中火焖煮10分钟，待番茄煮得快软化后，再加盐和鸡精调味。

盐
鸡精
水
—中火—

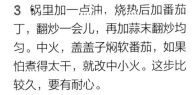

鱼片
白芝麻

—大火—

5 把鱼片丢入锅内，转大火，盖上盖子煮开后，动一动鱼片，翻翻面，鱼片熟了，就可以关火了。

其他食材也可以一起煮：

香菇　金针菇　粉丝

67

元气满满的周一

无敌么么哒酱烤肉饭

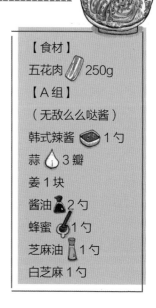

【食材】

五花肉 250g

【A组】

（无敌么么哒酱）

韩式辣酱 1勺

蒜 3瓣

姜 1块

酱油 2勺

蜂蜜 1勺

芝麻油 1勺

白芝麻 1勺

1 把【A组】的蒜切碎，姜切丝，所有调料混合拌匀，就得到腌料"无敌么么哒酱"。

2 五花肉切薄片后放入密封袋，加入"无敌么么哒酱"，抓匀，腌制1小时以上。

3 腌制好的五花肉去掉蒜、姜，直接放入不粘锅中，开火。不需要加油，除非你用的肉非常瘦。中火煎，煎的时候可以把肥肉多的部分放在火比较旺的位置，瘦肉放外围，刚开始出的是水分，耐心煎，油就出来啦！油煎出来比较香哦！

煎好的肉盖在饭上，就成了无敌么么哒酱烤肉饭。煎的时候注意一下，肉裹满酱的地方比较容易煎焦，自己控制一下火候哦！

韩式豆芽汤

【食材】

黄豆芽 200g

大葱 1/2 根

蒜泥 1 小勺

牛骨高汤 5 杯

（也可用清水或浓汤宝）

酱油 1/2 小勺

盐、胡椒粉 少许

1 将豆芽洗净去根须，沥干。

2 将牛骨汤倒入砂锅。

3 牛骨汤内放入豆芽。

4 放入蒜泥和酱油，待汤煮开。

5 黄豆芽煮熟，汤入味后放入盐和胡椒粉调味，放入葱花，再煮开一两次即可。

渐入佳境的周二

沙茶豆腐

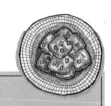

【食材】

北豆腐 🍱 1块　沙茶酱 🥄 1大勺　香葱 🍴 1/2根（切末）

蒜 🧄 1瓣（切末）　酱油 🍶 1勺　糖 1勺　盐适量　热水适量

豆腐切片

吸干水分

葱白末

蒜末

1 豆腐切片，吸干水分，下锅煎至两面金黄。

2 锅内留底油，豆腐拨一边（或者先盛出锅），先爆香葱白、蒜末，然后混入豆腐小心翻炒一下。

沙茶酱

糖

酱油

热水

3 加入沙茶酱、酱油、糖，加热水没过食材，小心翻炒均匀。大火煮开后转中小火，加盖煮6分钟，中间记得翻面。

4 大火收汁煮至汤汁浓稠（小心地翻面），起锅前根据个人口味加盐调味，撒葱花。

番茄鸡蛋汤

【食材】

番茄 1个

鸡蛋 1个

开水 200ml

盐 适量

1 番茄切小块，加一点油拌匀，放入微波炉，中火（600W）加热2分钟。

提示 每家微波炉不一样，我家新买的是功率600W的，如果微波炉功率是500W的，加热时间乘以1.2倍；如果是700W的，加热时间乘以0.9。具体的时间根据自家微波炉情况调整哦！

2 拿出后把番茄压烂一些，加开水和盐。微波炉中火加热2分钟。

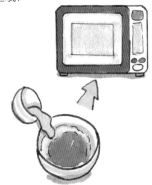

3 鸡蛋打成蛋液，加入汤里，再中火加热30秒就可以啦！

努力加油的周三

好吃不正宗的
干锅肥肠

大肠　葱段　料酒
花椒　　酱油

【食材】

大肠 250g

洋葱半个

青椒 1 个

蒜 4 瓣

干辣椒 6 个

花椒 1 小把

【A组】

酱油 1 勺

料酒 2 勺

花椒 1 小把

大葱 2 段

【调味】

郫县豆瓣酱 2 勺

酱油 1 勺

料酒 2 勺

糖 1 勺

盐 1/2 勺 （最后加）

1 大肠洗净，冷水下锅，加入【A组】煮 20~30 分钟至熟透（搞不清楚煮多久，可以煮 20 分钟后剪一小块吃）。也可以用现成的卤大肠来做。

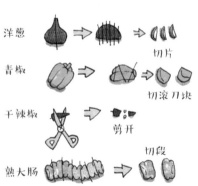

洋葱　　切片

青椒　　切滚刀块

干辣椒　剪开

熟大肠　切段

2 洋葱、大蒜切片，青椒切块，干辣椒剪碎，豆瓣酱剁碎一些，煮熟的大肠沥干切段。

3 炒锅倒油，油热后放入肥肠段炒一会儿，可以炒久一点儿，捞出来备用。留底油，再放蒜片、干辣椒、花椒爆香，加豆瓣酱翻炒（如果怕吃到花椒，可以先爆香花椒，变色后捞出，再继续做菜）。

4 放大肠、洋葱、酱油、料酒、糖，再次翻炒均匀，最后加盐（这一步尝一下味道，根据自己的口味加盐哦）。

提示 郫县豆瓣酱本身会咸，所以盐不着急加，最后尝过味道，再按口味调整。

5 火不要太大，多炒一下，喜欢干香的就炒干一点！炒到你喜欢的程度后，再加青椒块翻炒一会儿就可以了！

凉拌藕片

【调味料】
老抽、白糖 1 茶匙
生抽、蚝油 1 汤匙
辣椒末 2 汤匙
鸡精 少许

1 藕去皮，水烧开后，中火煮 25 分钟左右，至熟（能用筷子刺穿）。

3 取出，切薄片。

藕

调味料

2 凉水泡十分钟。

4 将藕片与调味料一起拌匀即可。

黎明之前的周四

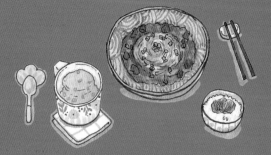

开胃茄汁金针菇

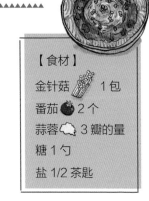

1 金针菇去根，洗净沥干；番茄洗净去皮，切成丁（方法见 P18）。

—中火

【食材】

金针菇 1包
番茄 2个
蒜蓉 3瓣的量
糖 1勺
盐 1/2 茶匙

2 锅内油热，下蒜蓉炒香后加番茄丁炒匀。（番茄会出很多水，基本不需要加水，万一新手操作不好煮干了，就加点水。）

—中大火

—中火

3. 加盖，中大火，焖煮 8 分钟，这步很重要，番茄焖一下味道才会浓郁。

4 加糖和盐调味，放入金针菇。先加盖焖软金针菇，再翻炒至金针菇完全变软即可。（一定要加盖煮，金针菇煮软后会出很多水，实在太干的话就再加一点点水。）

如果番茄成熟度不够，或者番茄味不浓，可以加一勺番茄酱提味，最后撒上葱花点缀。

快手鸡蛋杯

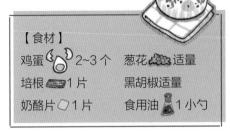

食用油

【食材】

鸡蛋 2~3 个　　葱花 适量

培根 1 片　　黑胡椒适量

奶酪片 1 片　　食用油 1 小勺

1 取食用油涂抹在马克杯内壁上。

提示 蔬菜可以换成你喜欢的！奶酪片可加可不加。如果不加培根，则加 1/2 茶匙盐。

奶酪　鸡蛋　葱花

培根　　　　黑胡椒

2 将鸡蛋、奶酪片（撕碎）、培根丁、葱花、黑胡椒全部加入马克杯中打匀。

3 放入微波炉中高火"叮"1分钟，取出搅拌一下，再"叮"1分钟左右即可。

升级版！吐司鸡蛋杯

吐司切块放入马克杯，鸡蛋和牛奶搅匀倒入杯中，微波炉中高火"叮"1分钟，取出加上坚果、糖浆或糖粉即可。

超级开心的周五

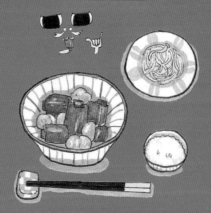

板栗烧排骨

肋排

1 排骨切段洗干净，泡一下。

盐

2 沥干后，最好拿厨房用纸擦一下，然后只用盐抓腌30分钟。

【食材】

肋排 2根

板栗 10个

蒜 3瓣

八角 ★1个

香叶 1片

桂皮 1个

干辣椒 3个

酱油 2勺

料酒 1勺

盐适量

糖1小勺

肋排

蒜

3 锅内烧热油，爆香蒜片，放排骨干炒，这步会有油溅出，因为排骨有水分。干炒到排骨肉变白，有耐心可以多炒一会儿。

4 先倒酱油翻炒，让排骨均匀地上色，火不要太大，不然酱油会糊，然后再加图里剩下的材料，炒匀。

5 加水淹没排骨，加板栗和糖，煮开以后尝一下咸淡，不够咸就加一点酱油，但口味要比平时吃的淡，因为后面汤汁煮干些后会变咸。

6 盖上锅盖，中小火煮30分钟。煮开后大火收汁，就可以啃了。

拌豆芽

▲▲▲▲▲▲▲▲▲

【食材】 豆芽

豆芽洗净焯水后，按照P27的方法选择自己喜欢的调料调味。左图中调的是我喜欢的味道。

冬

元气满满的周一

番茄肥牛锅

1 按 P18 的方法处理番茄，切成小丁。

【食材】

番茄 2 个

肥牛片 半盒

金针菇 1 小把

青菜 2 棵

蒜 1 瓣

番茄酱 1 勺

盐、糖、水适量

2 锅烧热，加油再烧热后，爆香蒜蓉，加番茄丁翻炒到熟烂。

4 放肥牛和金针菇，煮开后撇去浮沫，继续煮 5 分钟。

3 加一大碗水，大火煮开，再改中小火煮 20 分钟后，加盐、番茄酱、糖调味，尝一下，按自己口味调整。

5 等锅内水开，丢青菜，关火。余温会把青菜焖熟，若煮太久会烂掉。

渐入佳境的周二

一锅辣鸡饭

鸡肉　咖喱粉　辣椒粉

盐

白料酒

1　按 P54 的方法给鸡腿去骨。在鸡肉上切花刀（不要切断），再加【A 组】抓腌均匀。

—中小火

2　取不粘锅，不用加油，鸡皮面向下中小火煎，耐心地煎，慢慢把鸡皮的油煎出来。等鸡皮变得有点焦黄，翻个面，把鸡肉也煎得焦黄，然后盛出备用。

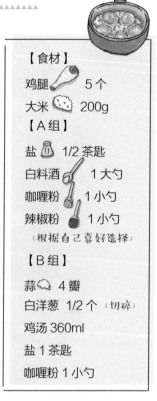

【食材】

鸡腿 5 个

大米 200g

【A 组】

盐 1/2 茶匙

白料酒 1 大勺

咖喱粉 1 小勺

辣椒粉 1 小勺

（根据自己喜好选择）

【B 组】

蒜 4 瓣

白洋葱 1/2 个 （切碎）

鸡汤 360ml

盐 1 茶匙

咖喱粉 1 小勺

提示　如果不想吃辣，可以去掉食谱中的辣椒粉，只做咖喱口味。

盐

大米

蒜蓉

洋葱

咖喱粉

鸡汤

3 锅里鸡油留着，下蒜末和洋葱碎炒香，倒入洗净的大米翻炒，再加鸡汤、盐和咖喱粉，搅匀煮开。

4 把鸡腿肉平铺在米上，盖上盖子，小火焖 20 分钟直到汤汁变干，一锅辣鸡饭就做好啦！

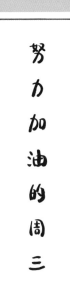

努力加油的周三

辣味海鲜锅

【食材】

鱿鱼 1只 虾 半斤 贻贝 8个

金针菇 1把 鱼豆腐 1条（我爱吃） 洋葱 半个

大葱 半根 鲜红辣椒 2个 鲜青辣椒 1个 水适量

【神秘A酱】

韩式辣酱：酱油：蒜泥：酒：芝麻油：韩式辣椒粉 =

1：1：1：1：1：0.5 （用同一个汤勺量取，就准了）

韩式辣酱　芝麻油　酒

韩式辣椒粉　蒜泥　酱油

1　先做【神秘A酱】，按上述配方拌匀备用。酱量的多少，要根据食材的多少准备。只要都用同一个勺子量取，比例就不会错。

2　处理海鲜。鱿鱼去掉内脏和背部的软骨，洗干净切圈（不会的请上网搜索或买处理好的鱿鱼、鱿鱼圈）。虾洗干净，去掉长须和虾包。贻贝的外壳刷洗干净。

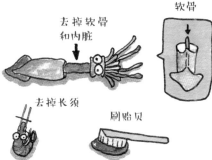

去掉软骨和内脏　软骨

去掉长须　刷贻贝

洋葱　葱段　神秘 A 酱　水

3 热锅热油爆香大葱段，炒一下切好的洋葱，加水煮开后加【神秘 A 酱】。先加两大勺，尝尝味道，如果觉得淡就再加 1 大勺，煮开（还不够味，就等放入海鲜后再调整）。

4 放入食材，按道理是要有一定的先后顺序的，但懒人可以直接全部丢下去。西葫芦等需要煮一段时间的食材可以先放。我是一下全部放进去煮的。

鱿鱼　虾　贻贝　金针菇　鱼豆腐

红辣椒　青辣椒　神秘 A 酱

5 盖上锅盖煮开以后，虾子红了，贻贝开了，就可以了，鱿鱼是一烫就熟的。然后尝一下味道，味道不够就再加一些【神秘 A 酱】，如果只是单纯的不够咸，就稍微加一点盐。最后，把新鲜青、红辣椒切圈，放进去，起锅。

提示 辣椒粉部分，若没有韩式辣椒粉，只有辣椒面，加一点点就好，因为辣椒面比较辣。也可以不加辣椒粉，每个人能接受的辣的程度不一样。所以这里配比中只写了 0.5，算是比较正常的比例。

食材中的海鲜可以按自己的口味更换，我还喜欢放花蛤或者螃蟹，煮出来的汤也都会非常鲜美！蔬菜部分也是按自己口味加喜欢的食材就好。

黎明之前的周四

蒜泥焗蘑菇

【食材】

蘑菇 10 个　大蒜 半头　黄油 1 小块

高汤（鸡汤或 1/2 块浓汤宝）适量　干欧芹碎 适量

研磨黑胡椒 适量

1　蒜压成蒜泥，备用。

蘑菇

2　黄油下锅熔化，下蘑菇中火煎 1~2 分钟。

黑胡椒

盐

3　蘑菇两面都煎焦黄后，撒盐和黑胡椒。

高汤

4　加入高汤至快淹没蘑菇的位置，煮开（没有高汤也可以用水加 1/2 块浓汤宝）。

蒜泥

5 盛出装入容器后，在上面铺满蒜泥。

6 烤箱预热至 200℃，把铺满蒜泥
的蘑菇放进去烤 10 分钟（快出炉前，
把法棍放进去一起烤）。出炉后，
撒上干欧芹碎即可。

面包蘸汤汁，
好吃得没话说！！

酒蒸蛤蜊

【食材】

文蛤 1斤　蒜 2瓣　干辣椒 2个

小葱 2根　油1勺　鲜酱油2勺　无盐黄油1小块

清酒2~6勺（酒的量看自己的喜好）　盐适量

提示 蛤蜊有花蛤、文蛤、西施舌等诸多品种。按自己的喜好选择，文蛤肉质比较嫩滑。

1　文蛤泡盐水吐沙，洗干净外壳。

2　锅内加一勺油，烧热，爆香蒜（对半切）和切开的干辣椒。

3　放入文蛤，加清酒。如果你喜欢酒的味道就大胆地加6勺吧！考虑到一些人不怎么接受，就至少加2勺。盖锅盖焖到文蛤的嘴巴都打开。

4　煮开以后会多很多、很鲜美的汤汁哦！加黄油、葱花、鲜酱油，拌匀，就可以吃了！

超级开心的周五

腐乳花生炖猪蹄

【食材】

猪蹄 2个　豆腐乳 2块

花生 一大把　八角1个　香叶2片　桂皮1块

蒜5瓣　姜3片　草果 1个（不认识可不加）

【调味】

腐乳汁1勺　冰糖5颗　酱油适量　酒2勺　盐适量

提示 我喜欢用白酒，不喜欢料酒的味道。至于什么酒，你老爸喝剩下的就可以拿来用。

1 花生提前2小时泡软（提味用，也可以用香菇来做）。

2 猪蹄切块（可以买切好的或者请人切好）洗净，加水、1勺酒，烧开后捞起猪蹄，再冲干净备用。

3 锅烧热以后加油，油烧热就爆香姜片和整瓣蒜（请记得去皮）。把姜片和蒜爆香以后，放入猪蹄炒一下。猪蹄有水，小心被油溅到。

4 放入香叶、八角、桂皮、草果和酱油翻炒。要问酱油倒多少，就是让每一块猪蹄都变成酱油色。记得要一直翻炒，火不能太大，不然会把酱油烧焦。喜欢吃辣的剪开干辣椒，丢进去。

5 猪蹄均匀上色后，加水，淹没猪蹄即可。加腐乳汁1勺、白酒1勺、2块腐乳、冰糖、泡好的花生一起煮。煮开以后尝一下咸淡，不够咸的话再加一些酱油。咸淡的标准是比你平时吃的口味再淡一些，后面会越煮越咸。盐可以根据自己口味增加。

6 第 5 步烧开以后，我会将食材全部倒入紫砂锅里炖。炖 1~2 小时，时间长短取决于你喜欢的软烂程度。1 小时以后开始试吃，然后每隔一段时间啃一个（可能就这样啃完了，哈哈哈）。有人直接用高压锅，确实熟得比较快，但是我觉得还是慢炖的好吃。

凉拌白菜

白菜

【食材】 白菜

红油 香醋 生抽 蚝油 蒜蓉 葱花

1 白菜切块或者用手撕块后焯水，控干。

2 按照 P27 的方法选择调味料。右图中是我喜欢的调味组合。

4

周末好食光

睡够了吃个早午餐

奶酪吐司厚蛋烧

1 鸡蛋打散，加糖和牛奶搅匀（用培根的话需提前煎熟，切碎；用火腿则不需要）。

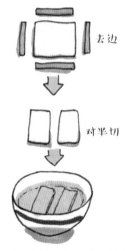

去边

对半切

2 吐司去边，切两半，放入蛋液中均匀裹满。

【食材】

（2 个的量）

鸡蛋 3 颗

牛奶（或水）30ml

糖 1/2 茶匙

吐司 1 片

黄油 5g

切片奶酪 1 片

火腿 1 片

（若用培根，则要提前煎一下）

提示 火腿和培根都有咸味，所以不需要加盐，如果没加火腿、培根之类有咸味的食材，可以加一点点盐。

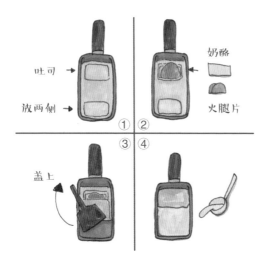

吐司 →

放两侧 →

奶酪

火腿片

① ② ③ ④

盖上

3-① 厚蛋烧锅里放入黄油，小火熔化，倒一半蛋液铺匀后，把吐司片分别放在锅的两侧。

3-② 在其中一片吐司上放上奶酪和火腿片（或培根碎）。

3-③ 蛋液稍稍凝固后，把没有放火腿的那片吐司盖有火腿那片上，俗称"对折卷起"，先推到锅的一侧备用。

3-④ 倒入剩下的蛋液，待表面稍凝固后，卷起，煎至蛋卷金黄即可。

乌冬肉饼

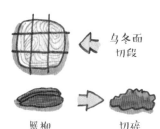

乌冬面
切段

蟹柳　　切碎

1 乌冬切段，蟹柳切碎。

白料酒　　鸡蛋　　胡椒盐

芝麻油　　　　　　糖

玉米淀粉　　　　　酱油

2 肉糜、蟹柳、乌冬段和【A组】抓匀。

肉馅乌冬

3 平底锅倒油，油热后挖一勺肉馅乌冬放入锅中，压扁，中火煎至两面金黄即可。

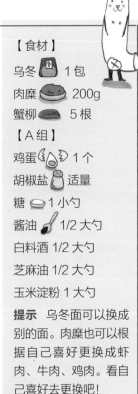

【食材】

乌冬　1包

肉糜　200g

蟹柳　5根

【A组】

鸡蛋　1个

胡椒盐　适量

糖　1 小勺

酱油　1/2 大勺

白料酒 1/2 大勺

芝麻油 1/2 大勺

玉米淀粉 1 大勺

提示 乌冬面可以换成别的面。肉糜也可以根据自己喜好更换成虾肉、牛肉、鸡肉。看自己喜好去更换吧！

土豆培根烘蛋

【食材】

土豆 250~300g

鸡蛋 5个

洋葱 1/2个

培根 4片

橄榄油 2勺

盐 1/3茶匙

黑胡椒适量

培根切小片

洋葱切薄片

鸡蛋打匀

2 培根切成 1cm 左右宽的块；洋葱切薄片；鸡蛋放入碗中搅打均匀，备用。

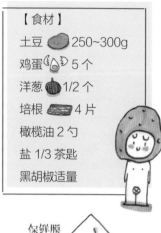

保鲜膜

1 土豆洗净去皮，切成约 1.5cm 见方的小块，盖上一层保鲜膜，放入微波炉（600W/中火）加热 3 分钟左右（具体时间根据自身情况调整，蒸或者煎熟也可以），取出放凉备用。

培根　洋葱

盐

土豆

酱油

3 取一小平底锅，倒入橄榄油，油热后先放入加热好的土豆和盐，翻炒 2 分钟，再放培根、洋葱、黑胡椒继续翻炒 2 分钟。

4 将蛋液以转圈的方式倒入锅中（主要是怕锅内东西多，直接倒边缘位置，蛋液会不均匀），如果食材分布不均匀，就自己用铲子调整一下，中小火煎 1 分钟，小火加盖再煎 3 分钟。

—中小火

—小火

扣盘

盘子直径要比锅大

倒扣

滑进锅里

5 蛋液相对凝固后，戴好隔热手套，拿出比锅子大的盘子，扣在锅上翻个面；再把烘蛋滑进平底锅里（没煎过的一面朝下），小火加盖煎 2 分钟。用牙签刺一下中间部位，没有沾上蛋液就表示煎好了，关火取出。

沙茶大阪烧

【食材】

厦门泡面 1包　沙茶酱 1勺　鸡蛋 1个
大阪烧酱汁 适量　蛋黄酱、海苔粉适量　柴鱼片 适量

【A组】

卷心菜 150g　虾仁 5个　鸡蛋 1个　面粉 40g　水 1勺

提示 关于泡面，我用的是厦门泡面，你可以按自己喜好换成自己喜欢的面，油面、乌冬面都可以。做菜按自己喜好来，不喜欢的食材换掉就是了。

拌匀　鸡蛋　面粉
虾仁　水
卷心菜

1 把虾仁洗净沥干，切小块（也可以换用鱿鱼），卷心菜切细丝，和鸡蛋、面粉、水一起搅拌均匀。

泡面　捞出沥干　沙茶酱

煮面　拌面

2 泡面加调味料煮熟（不要煮太烂），捞出加沙茶酱拌匀备用。（如果不懒的可以炒一下，面更香。）

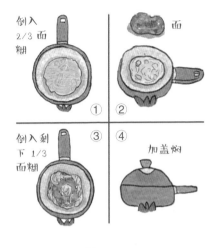

3 全程小火。

① 把第 **1** 步做好的面糊的 2/3 倒入锅中，用小火慢慢煎，加盖焖 5 分钟，煎至面糊基本凝固。

② 在煎好的面糊上码上面条。

③ 把剩下的面糊平均地倒在面条上。

④ 翻面慢慢煎，加盖焖 3 分钟（拿牙签插进去，没有沾上面糊就是熟了）。

4 饼先出锅备用，打一个鸡蛋，然后把 1/3 面糊那面朝下，盖在鸡蛋上，再煎定型就可以装盘了。

5 装盘后，浇上大阪烧汁、蛋黄酱，撒上海苔粉、柴鱼片就可以啦！这个口味我觉得很适合放葱花，喜欢的朋友可以试试。

　　我自己调了一种酱汁，沙茶酱＋水＋鲜酱油＋水淀粉勾芡，可代替大阪烧酱汁，和这食谱超搭。

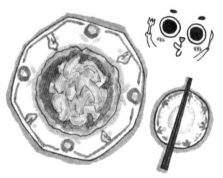

韩式海鲜葱饼

方子：JuJu 的巴黎厨房

【我是面糊】

普通面粉 30g 炸粉 30g 水 120ml 盐 2g

【煎饼食材】

细葱 10 根（可以减少） 面粉 10g（搅拌葱用）

海鲜 150g（虾仁、鱿鱼、贻贝等按自己喜好） 鸡蛋 1 个

辣椒 1~2 个（可省） 油 4~5 勺

【蘸饼的蘸料】

酱油 2 勺 醋半勺 芝麻油半勺 芝麻、葱末、辣椒少许

1 把面糊搅匀备用。把要用的海鲜洗干净，切好，烫熟备用。

2 葱切段，蘸上少许面粉（这样才好和面粉融为一体）。锅内用中火把油烧热，把葱段煎 3 分钟左右。

③ 蛋液 —

② 海鲜 —

① 面糊 —

－中火

3 把面糊均匀浇在葱上，再把沥干的海鲜均匀地撒在面糊上，再在表面淋上一颗蛋的蛋液。

－中小火

4 盖上盖子，焖煎 15~20 分钟，直到底面完全熟。

倒入盘子

倒扣

盘底

正面

－中小火

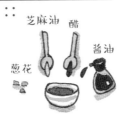

芝麻油　醋

酱油

葱花

还可根据喜好加入芝麻和辣椒

5 翻面，说起来简单，但其实很难。可以先装盘，然后把饼倒扣回锅里，继续盖上锅盖，煎 15 分钟左右。调好【蘸饼的蘸料】，出锅吃吧！

烤奶酪薯饼

【食材】

土豆 600g 马苏里拉奶酪 70g（刨丝）

香葱 3根（切末） 培根 3条 面粉 2大勺

鸡蛋 1个 黑胡椒粉 1茶匙 盐 1茶匙

蛋黄 1个（刷土豆表面，可换成橄榄油）

洗净　　去皮　　擦细丝

1 土豆洗净，去皮，用擦子擦成丝（要细丝）。

切葱花

2 香葱切葱花，培根切小丁。（一定要切得够碎！）

培根切小丁

3 把土豆丝、葱花、奶酪、培根丁、面粉、鸡蛋、黑胡椒粉和盐混合，搅拌均匀。

面粉

鸡蛋

蔥花

黑胡椒

培根丁

马苏里拉

盐

土豆丝

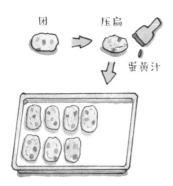

4 把搅匀的土豆丝团成大小差不多的团子，再按扁一点点，放入烤盘（烤盘上先垫一层油纸，或者刷一层橄榄油），在薯饼表面涂上蛋黄液。

5 烤箱预热到210℃，把薯饼放入烤10分钟，拿出翻面，继续烤15分钟，烤至薯块金黄松脆即可。

蘸酱做法

沙拉酱和番茄酱比例为2∶1，加几滴柠檬汁搅匀，或者直接蘸番茄酱吃。

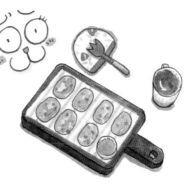

简易版平底锅松饼

方子参考：小嶋老师的《35 种超 easy 点心速成班》

【A组】

黄油 20g　鸡蛋（室温）60g　牛奶 70g
白砂糖 30g

【B组】

低筋面粉 100g　泡打粉 5g

鸡蛋　牛奶　白砂糖　黄油

1【A组】黄油熔化成液态后，和鸡蛋牛奶一起打匀。

提示 这个方子简单好吃，但按我个人口味，黄油会少放一点儿。喜欢黄油味道的就正常放。

2 把【B组】中的低筋面粉和泡打粉过筛，加入上一步搅好的液体里搅匀。

提示 搅拌时要注意，液体全部搅匀后再加粉，粉搅匀以后就不要再搅拌了，切勿过度搅拌，否则面粉会起筋。

低筋面粉 + 泡打粉

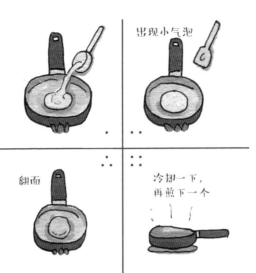

出现小气泡

翻面

冷却一下，
再煎下一个

3 把不粘平底锅用小火烧热，用勺子舀一勺面糊倒入锅内，中途不要加量。小火慢煎到开始冒较多气泡后赶紧翻面，煎到面糊凝固就可以了。

提示 可以几个一起煎，或者一个一个煎。单个煎时要注意，煎下一个的时候，要让锅稍微冷却一下再放面糊，不然会一下子就焦掉。

如果早上来不及做面糊，可以提前做好，用保鲜膜盖好，放冰箱冷藏，第二天可以直接用。

淋上蜂蜜、糖浆或巧克力酱，开吃！加一些水果也不错哟。

可乐饼

【食材】

猪肉末 100g　洋葱半个　土豆（中等大小）2 个
黑胡椒、盐少许

1 洋葱炒香后加肉末，炒至肉末变色，加盐、黑胡椒粉调味。

2 土豆蒸熟，放凉后打成泥。

3 肉馅和土豆泥按 1 : 1 的比例拌匀。

① 把与肉馅拌匀的土豆泥做成饼。

② 裹上面粉。

④ 在面包糠里滚一下。

③ 裹上蛋液。

4 按以上顺序把饼处理好，拿去炸，炸至金黄即可（5分钟左右）。

如果你有虾

①' 虾去掉壳和虾线。

②' 把拌匀的土豆泥团成椭圆形，然后用手指压出个凹槽，放虾。

③' 把虾包起来，卖萌，下锅。

可乐饼原本的做法是，在奶油和面粉制成的糊中加入碎菜和肉，冷却后捏成圆柱形，再抹上小麦粉、蛋汁以及面包粉用油炸，也就是法国的家庭料理——炸肉饼。

后来，日本的家庭把这种舶来品按自己的口味改良，改为在土豆泥中加入炒好的洋葱和肉末，然后捏成圆柱状煎炸。

可乐饼的各种可能

+ 🦑 <u>鱿鱼</u>

+ 🧅 洋葱 + 咖喱鸡

+ 🍍 菠萝 + 🦐 虾仁

+ 🌭 香肠 + 🧄 蒜头酥

注入创意和热情，做出各种口味的可乐饼！

在日本，人人都爱的美食——可乐饼，其名字取自法语中的 croquette（炸丸子，炸肉饼）。因日语发音与汉语"可乐"相近而被称为"可乐饼"。可乐饼作为西餐的一种，在 16 世纪随西餐传入日本，逐渐被日本人民所接受，而后备受钟爱。

如今在日本本土，虽然也有世界各地的美食充斥，但是日本人仍然把章鱼烧面丸和可乐饼之类的小吃，当作生活中必不可少的食物。土豆可谓可乐饼的"灵魂人物"，蒸软之后，松软的土豆泥加上洋葱、碎肉，裹上蘸粉，下油锅炸成漂亮的金黄色，步骤简单，风味纯粹。

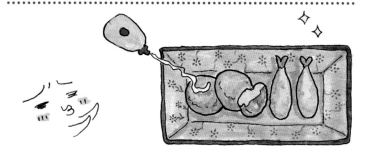

椒盐麻酱千层饼

【食材】（一块饼）

饺子皮 5 片　椒盐适量　芝麻酱适量

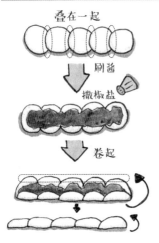

叠在一起

刷酱
撒椒盐

卷起

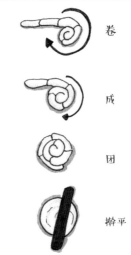

卷

成

团

擀平

1 把 5 片饺子皮叠在一起；刷上芝麻酱，撒上椒盐；整个由下向上卷起来。

2 把卷好的饺子皮再从一端开始卷成圆，把最后的收口处捏紧，整个擀平，擀成饼。

一中小火

3 平底锅内刷一层油，油热后下饼，中小火煎至两面焦黄。

做顿大餐犒劳自己

泡菜炒虾仁

1 虾去掉壳和虾线，用厨房用纸吸干水分，加【A组】抓匀。

2 平底锅倒油，油热后下虾仁煎至两面变色，变色后倒掉多余的油，留一点底油。

—中火

【食材】

泡菜 100g〈切条〉

虾仁 18个

〈约 200g〉

大葱 1 小段〈切碎〉

【A组】

酒 1 小勺

淀粉、盐 适量

【B组】

鲜酱油 1 勺

韩式辣酱 1 勺

糖 1 勺

韩式辣酱

糖

酱油

大葱

切碎

泡菜

切条

3 把虾仁拨到一边，中火，先加大葱碎爆香，再加泡菜炒一下，然后加【B组】，大火快速翻炒均匀即可。

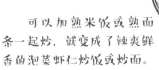

可以加熟米饭或熟面条一起炒，就变成了辣爽鲜香的泡菜虾仁炒饭或炒面。

英式牧羊人派

洋葱丁　蒜末　肉末

1 番茄去皮切丁（方法见P18）备用。
爆香洋葱、蒜末，下肉末炒至变色。

香草调料　黑胡椒碎　番茄酱
番茄丁　红酒　水

2 加入番茄炒软，加以上调料同煮。

3 小火炖30分钟，加盐和糖调味。

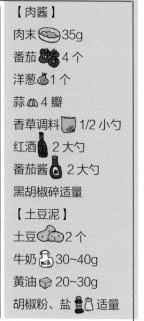

【肉酱】

肉末 35g

番茄 4个

洋葱 1个

蒜 4瓣

香草调料 1/2小勺

红酒 2大勺

番茄酱 2大勺

黑胡椒碎适量

【土豆泥】

土豆 2个

牛奶 30~40g

黄油 20~30g

胡椒粉、盐 适量

124

4 土豆煮熟 → 去皮 → 压成泥

牛奶　黄油　胡椒粉　盐

5 以上材料加入土豆泥拌匀。

用叉子在表面划出纹路

土豆泥

肉酱

180℃烤30分钟至表面微焦

6 往盘里倒入炖好的肉酱，再铺上调过味的土豆泥，用叉子在表面划出纹路。放入烤箱，180℃烤30分钟，至表面微焦即可。

美味大盘鸡

【食材】

三黄鸡 1 只　洋葱半个　郫县豆瓣酱 2 大勺　白糖 20g

啤酒 2 听　味极鲜酱油 35g　干辣椒、葱适量　青椒 1 个

土豆 1 个　大蒜 10 瓣　盐、鸡精适量　花椒 3~5g　姜 2 片

八角 3 个　香叶 1 片

鸡

土豆

洋葱　青椒

切切切

鸡块

土豆块

青椒块

洋葱块

1 各种材料切块。

2 锅内油热后，下花椒，爆香后，留油捞出花椒。放入郫县豆瓣酱炒出红油后，放干辣椒、八角、香叶、大蒜、姜、葱翻炒几下，下鸡肉，翻炒 5 分钟左右，直到鸡肉变成金黄色。

郫县豆瓣酱

葱、姜、蒜

干辣椒

八角

香叶

3 倒入味极鲜翻炒均匀后，加白糖，倒入 2 听啤酒，煮开后，小火加盖煮 20 分钟（具体时间要看鸡肉的老嫩程度）。

4 鸡肉软后，加入土豆和洋葱，再炖 10~15 分钟（土豆熟了即可）。

5 土豆熟后，尝下味道，不够再加盐、鸡精。汤如果太多，大火收一下汁，再加入青椒，翻炒均匀即可。（喜欢面条，可以下面一起煮。装盘时将面条垫在鸡肉底下。）

水煮三鲜

【食材】

选你爱吃的海鲜，比如：鱿鱼 1 只　花蛤 300g
虾 300g

选你爱吃的素菜，比如：黄瓜 1 根　大白菜小半棵

【A组】

干辣椒（剪成段）30g　花椒 5g　郫县豆瓣酱（剁碎）2 勺
姜片 10g　蒜 4 大瓣

【B组】

料酒 1 茶匙　盐适量　糖 1 茶匙　胡椒粉少量

【C组】

干辣椒（剪成段）30g　花椒 5g

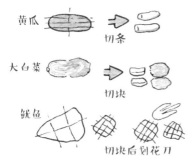

1　各种材料洗干净，切好。

2　素菜烫一下，断生就好，装碗底。

3 按顺序下【A 组】。

a 锅烧热倒入油，下花椒和干辣椒慢炸约 2 分钟。

b 倒入剁碎的豆瓣酱，炒出香味和红油。

c 蒜片和姜倒入锅中，炒出香味。

4 加水，水开后加【B 组】，尝下味道，要比平时吃的淡一些，因为海鲜本身是有咸味的。

5 下鱿鱼，等汤煮开，再下花蛤，再煮开，下虾，煮开。虾一变红，立刻关火。

6 把煮好的海鲜倒到装有蔬菜的碗里，焖菜去。另起一锅，油烧至五成热，放入剩余的干辣椒和花椒，用小火炸出香味来，注意不要炸煳了，辣椒的颜色稍变就关火。将热油浇在海鲜上即可。

糖醋鸡爪

▲▲▲▲▲▲▲▲▲▲▲▲▲▲

【食材】

鸡爪 1斤　蒜 3瓣　姜 2片

【糖醋汁】

料酒：酱油：冰糖：醋：水 =1：2：3：4：5

提示 糖醋汁按这个比例调，煮开后自己先尝一下，然后再按自己口味微调，喜甜加糖，喜酸加醋。总之合口味就行！

1 鸡爪提前反复泡去血水，洗净后剪掉指甲，要切的就切。（如果要焯水的，自己焯水，焯水不是死规定，炒一下也可以。）

2 锅内油热，下蒜瓣、姜片爆香，倒入鸡爪翻炒一会儿，耐心地翻炒到鸡爪都变色。

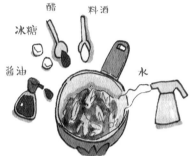

醋 料酒

冰糖

酱油 水

3 鸡爪变色后，加水至与鸡爪齐平，再按比例加料酒、酱油、冰糖和醋，煮开后转小火煮 15 分钟，尝一下酱汁的味道，按照自己的口味微调，大火收汁即可。

— 记得加盖

煮熟的鸡爪

煮开的糖醋汁放凉

可以加点柠檬

汤汁可以不用煮太干，拿来拌饭超棒！

也可以在水里加生姜、料酒，放入鸡爪煮 10 至 15 分钟，然后把糖醋汁煮开了放凉，把煮好的鸡爪泡在糖醋汁里，冷藏一夜，吃凉的。

扇贝两吃

处理扇贝

1 沿壳壁把肉取下。

2 留下半边扇贝壳，用牙刷洗净。

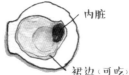

内脏

裙边（可吃）

3 将贝肉后背的黑色内脏除去。

腮

4 把黄色睫毛状的腮去掉。

盐

5 贝肉加一点盐，用水泡3分钟。

蒜蓉粉丝蒸扇贝

1 龙口粉丝用热水泡软，沥干备用。

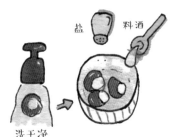

2 处理好的扇贝洗净，用少许盐和料酒抓腌。

【食材】

扇贝 6 个

龙口粉丝 1 小把

蒜蓉 5 瓣的量

姜丝 1 个扇贝用 3 条

油适量

【A组】（腌制）

盐、料酒适量

【B组】（调汁）

植物油 1 大勺

蒜蓉 5 瓣的量

蒸鱼豉油或鲜酱油 2 勺

3 起油锅，把所有蒜蓉煸香，按图示分两半用。

4 按以上顺序处理好食材。

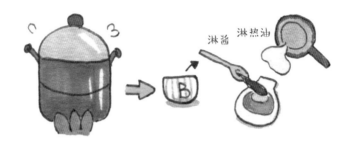

淋酱　淋热油

5 蒸锅中的水开后，扇贝大的蒸 5 分钟，小的蒸 3 分钟。蒸好后去掉姜丝，淋上【B 组】。然后取一口干净的锅，烧热油，淋上即可。

奶汁奶酪焗扇贝

方子参考：Amanda 的小厨房

【食材】

扇贝 6 个

奶酪 75g

淡奶油 100ml

洋葱 半个

蒜 2 瓣

黄油 1 大勺

橄榄油 1 大勺

面粉 1 大勺

欧芹 2 根

盐适量

1 洋葱切碎，蒜压碎，欧芹将叶和茎分开，茎切细末，叶切碎，奶酪切丝备用。

2 把平底锅烧到最热，放橄榄油和黄油，油热后下扇贝肉，每面煎 20 秒后立即盛出，填回扇贝壳中备用。

3 转中火，锅内下洋葱碎炒 3 分钟至洋葱变透明，下蒜蓉和欧芹茎略炒。下面粉，用小火炒 2 分钟至面粉微微发黄。

淡奶油

水

盐

4 下淡奶油，不停搅拌防止结块，并加适量水（约小半碗）和盐，煮开至浓度合适，放一边备用。

5 把扇贝排放在烤盘上，可以用锡纸做个小圈垫在贝壳下，就不会东倒西歪了。将煮好的奶油酱汁均匀地浇在扇贝上，撒上马苏里拉奶酪丝。

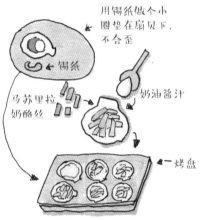

用锡纸做个小圈垫在扇贝下，不会歪

锡纸

马苏里拉奶酪丝

奶油酱汁

烤盘

200℃预热
放上层
烤5分钟

6 烤箱预热至200℃，将烤盘放在上层，烤5分钟至奶酪表面变成金黄色，取出撒上欧芹叶即可（没有欧芹，用罗勒碎代替也可以）。

鲜虾烧年糕

【食材】

鲜虾 半斤　年糕 300g　姜 2 片（切丝）

香葱 3 根（切段）

蚝油 1 勺　生抽 1 大勺　料酒 1 勺

盐 1/2 茶匙

1 鲜虾剪掉头部，按照 P11 的方法处理虾线、虾头。洗净沥干。

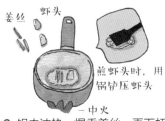

2 锅内油热，爆香姜丝，再下虾头煸出红油。（煸的时候用锅铲按压虾头，把精华都煸出来。）

3 放入年糕、水（适量）、蚝油、生抽、料酒，水量不要完全淹没年糕，快淹没就好了，大火煮 1~2 分钟，中途要持续翻炒。

4 快收汁的时候，加入虾仁、葱段，翻炒均匀到收汁起锅！（盐看个人口味，起锅前尝一下，自己增减。）

了不起的鸡肉卷

烧鸡腿蔬菜卷

1　鸡腿去骨。鸡腿肉中加入【A组】的料腌制 2 小时。

2　把洗干净的芦笋包在肉里卷起来，用棉线五花大绑！里面的蔬菜可以用黄瓜段、胡萝卜段代替，看自己喜好了！喜欢吃肉的，还可以包培根。

【食材】

鸡腿　2 只

芦笋　3 根

（蔬菜可根据喜好更换）

【A组】

鲜酱油 3 勺

（可用生抽 2 勺加蚝油 1 小勺代替）

白糖 1 小勺

料酒 1 勺

蒜蓉 2 瓣的量

3 平底锅内滴一点点油，把鸡肉卷放进去小火煎（鸡皮后面会出油的），慢慢煎到肉卷变金黄！

4 加水，淹到鸡腿的一半，然后倒入腌制鸡腿剩下的酱料，或者自己重新调一些进去，但不要太咸了，盖盖子中小火煮 10~15 分钟，煮至熟透就好啦。

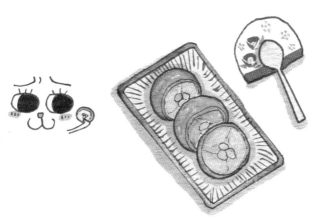

烤蜜汁鸡腿卷

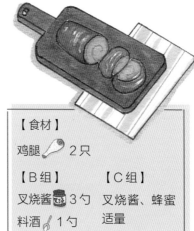

【食材】

鸡腿 2只

【B组】	【C组】
叉烧酱 3勺	叉烧酱、蜂蜜
料酒 1勺	适量

1 鸡腿肉加入【B组】，用保鲜膜包好，放冰箱腌制一夜。

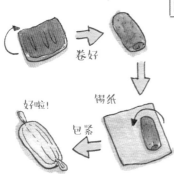

卷好

锡纸

好啦！

包紧

2 把鸡腿肉卷起来，保证鸡腿皮那面朝外，用锡纸包好。

180℃

3 烤箱预热至180℃，用上下火烤25分钟。

4 把锡纸解开，在鸡腿表面刷一层叉烧酱和蜂蜜，再烤10分钟就可以吃啦！

咖喱鸡腿卷

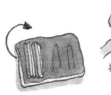

棉线

捆好

【食材】

鸡腿 2 只

黄瓜条 8 条

胡萝卜条 8 条

咖喱块 3 块

盐 少许

1 把洗干净的黄瓜条、胡萝卜条包在鸡腿肉内部（肉那一面），卷起来，用棉线五花大绑！

一小火

2 平底锅小火，滴一点点的油煎鸡肉卷，鸡皮后面会出油的，小火慢慢煎到整根金黄！

咖喱

盐

水

一中小火

3 加水淹到鸡肉卷的一半，煮开后 10 分钟再放咖喱块，把咖喱块煮化后，盖盖子中小火炖 10 分钟。中间记得翻个面，加适量盐，然后收汁即可。

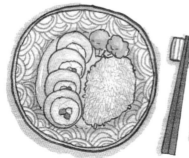 

比萨解读

比萨底的做法

【食材】

高筋面粉 300g 温水 180ml

酵母 4g 橄榄油 2g 盐 1g

1 酵母 + 温水，等起泡，备用。

2 面加盐混合后加橄榄油，最后加酵母水，用手揉至平滑。

划两刀，刷油　　盖上湿布静置 2 小时

将面团的气打出　　就可以拿来用啦～

3 把面揉成团，划两刀，再涂少许橄榄油在表面。盖上湿布静置 2 小时，然后揉打面团，使里面的气体排出。

最后一步 把面团擀成饼，放入烤箱 180℃中层烤 20~25 分钟即可。

 提示

- 馅料层的牛排要先煎 8 分熟，用酱炒一下再烤。鸡腿肉也是如此。

- 若没有比萨酱，可以用番茄酱加罗勒碎代替。

- 饼底可以用吐司（我的最爱）代替。用吐司时，肉类要先做熟再放上去，烤到马苏里拉奶酪熔化即可。饼底还可以上网买现成的。厚饼底要 200℃，中层，烤 15~20 分钟。

4 奶酪层

铺满马苏里拉奶酪

3.5 我会加的层

我会加点沙拉酱

3 馅料层

此层混入少许马苏里拉奶酪

举例：海鲜、牛排、培根、鸡肉、萨拉米肠、番茄、蘑菇、青椒、青豆、玉米、洋葱、火腿丁、牛肉粒、金枪鱼。

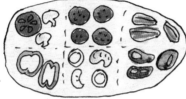

原则 先铺肉类，再铺蔬菜。先放大件，后放小件。
必须注意 ①海鲜类会出水，要先烫一下（如鱿鱼）。②水分比较多的蔬菜一定要先处理。该焯水焯水，该炒干炒干，否则烤出来的比萨湿乎乎的。菇类可烫可炒。（馅料里要是加番茄或圣女果，水分会多一点。）

2 酱层

加少许马苏里拉奶酪哦～
举例：比萨酱（或者番茄酱＋罗勒碎），千岛酱，黑椒酱。

1 饼底

可以在做饼底的面皮里加一点马苏里拉奶酪试试。

盘底及饼底都要刷油（黄油或者橄榄油）。饼底要用叉子扎出小洞。

按这个顺序往上叠加食材，每层都加点马苏里拉奶酪。

一个人的下午茶

吐司虾球

【食材】
虾仁 250g
吐司 4 片
【A组】
美乃滋 1 大勺
盐 1/2 茶匙
研磨黑胡椒适量
面粉 1 大勺

1 虾仁的2/3切泥，1/3切小粒，加【A组】混合均匀。

2 吐司去边，切成 5mm 见方的小块。

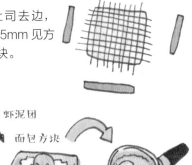

3 取虾泥团成小球，表面裹一层吐司块，下油锅炸至表面焦黄即可。

油炸的时候用小奶锅，油浸过丸子的一半，翻面炸就可以了，不用倒太多。炸过虾球的油，过滤杂质后可继续炒菜。

145

酥炸鱿鱼圈

【食材】
鱿鱼 想吃多少炸多少　面包糠、蛋液、面粉适量

1 鱿鱼切成圆圈，用盐
腌几分钟，沥干。

2 沥干的鱿鱼圈
先裹上面粉，然
后浸入蛋液，再
滚一层面包糠。

面包糠　　蛋液　　面粉

3 油六成热，放鱿鱼圈炸至
金黄，捞出。

4 待油再次烧热后，复炸
一次，沥干即可。

蘸沙拉酱或番茄酱
都好吃哦~

港式奶茶

【食材】

黑白淡奶 100ml　开水 300ml　锡兰红茶 5g　白糖 20g

1 红茶用 90℃ 开水冲泡，静置 1 分钟左右。

2 在茶中加入白糖，慢慢搅拌，让茶味散出，待茶变浓，加黑白淡奶搅匀，将茶叶过滤出来即可。

提示

- 如果对风味要求不高，可以用三花淡奶代替。用牛奶也可以，只是味道会差一些。

- 如果喜欢喝冰镇的，在杯中加入足量冰块（如果奶茶很烫，就冷却了再加，或者冲泡时减少水量），不要等冰块融化了喝，那样会变相稀释奶茶浓度。

港式奶茶黄金比例

黑白淡奶：茶 =1：3

例：一杯 400ml 的奶茶 =

淡奶 100ml+ 茶 300ml+ 糖 20g

鸳鸯奶茶：茶、奶、咖啡各占 1/3

好吃！

芒果糯米糍

1 把糯米粉、奶粉和糖加入一个大碗，加牛奶搅拌成无颗粒的粉浆。用保鲜膜盖好。

盖上保鲜膜

提示 也可用微波炉高火"叮"3分钟，让粉浆呈透明状即可。

2 蒸锅里水开后，放入粉浆蒸 15~20 分钟至粉浆熟透即可。

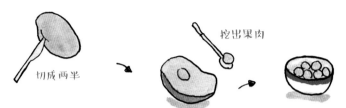

切成两半　　挖出果肉

3 芒果沿核切成两半，用挖球器挖出果肉，没有挖球器就切小块即可。

裹上椰蓉

芒果肉　　搓圆

4 取出一团粉浆放手心，压扁。把四周捏薄，放入芒果肉，搓成圆球，裹上椰蓉即可。

　　做糯米糍的过程是非常黏的过程，可以用一次性手套，蘸一点儿凉开水（实在太黏就蘸薄薄一层油）后再做。

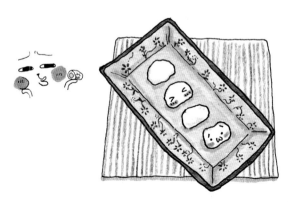

糯米红枣

【食材】

红枣（个大肉厚的最好） 适量 糯米粉 适量

泡一泡

1 红枣冲洗干净，放水里泡至少半个小时。

吸管穿过红枣

串成串

侧面剪开

2 红枣沥干，用吸管去核，然后用剪刀剪开（吸管要硬一点、粗一点的那种才好用）。看不懂这种方法，就用你自己的方法去核。

水

3 糯米粉加适量温水，和成光滑的面团。和面的时候如果粘手，就在手上抹一点色拉油。（如果枣不甜，可以在面团里加一些糖。）

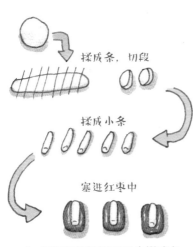

揉成条，切段

揉成小条

塞进红枣中

一大火

4 把和好的糯米面团先搓成条，再切段。把段揉成小条，能够塞进红枣就好。

5 锅内水烧开后，把糯米枣上锅蒸 10 分钟。记得锅盖要盖严实！

按照自己的喜好淋上蜂蜜，或者撒点白芝麻，口感顶呱呱！

花样厚多士

【食材】

吐司 （长吐司的一半，最好用北海道吐司）

黄油 25g　蜂蜜 30g　冰激凌和水果按喜好选择

1 吐司边留 1cm 左右，沿四周用刀划一圈，动作要尽量温柔，底部也要留 1cm 左右的距离，不要把吐司底切穿了。把刀插进其中一面横切一刀，就能把整个吐司芯取出来了。

提示 可以把吐司放在冰箱冷冻一夜，会更好切。

切块

2 把取出的吐司芯切成 3 层，每层切成 9 块，尽量切成大小均匀的小方块。

蜂蜜　黄油

3 黄油和蜂蜜装在容器里，隔水加热熔化。

5 烤箱预热至 180℃，上下火中层，烤 10~15 分钟即可。（如果你的吐司真的很高，那就放下层。烤至 10 分钟左右的时候，观察一下吐司壳的表面，烤到你喜欢的程度就可以了。）

4 把挖空的吐司壳里里外外都刷上黄油蜂蜜，每个角落都不要放过。切好的吐司小方块可以直接丢到黄油蜂蜜里，裹均匀。然后把吐司壳和小方块，都放入烤盘里。

6 吐司烤好后，摆上你喜欢的水果、冰激凌、巧克力酱、奶油等。

北海道戚风蛋糕

方子参考：君之

🦋 香草奶油的制作

【食材】

牛奶  200g　蛋黄 2 个　玉米淀粉、低筋面粉 各 10g

细砂糖 50g　淡奶油 100ml　香草精 数滴

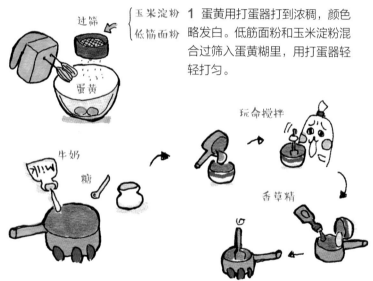

玉米淀粉
低筋面粉

过筛

蛋黄

1 蛋黄用打蛋器打到浓稠，颜色略发白。低筋面粉和玉米淀粉混合过筛入蛋黄糊里，用打蛋器轻轻打匀。

玩命搅拌

牛奶

糖

香草精

2 牛奶加糖，倒入奶锅里煮至沸腾，把煮沸的牛奶缓缓倒 1/3 至第 1 步做好的蛋黄面糊里。玩命地搅拌，防止蛋黄面糊结块（结块真的是件非常恐怖的事，只能玩命地继续搅）；把搅拌好的蛋黄面糊全部倒回牛奶锅里。加入几滴香草精，轻轻拌匀。奶锅重新用小火加热，边加热边不停搅拌，直到面糊沸腾，变得浓稠后，立即离火。

3 马上把煮好的蛋乳泥倒入坐在冰水的碗里，不停地搅拌，使蛋乳泥保持细腻光滑的状态，不结块，不起疙瘩。搅拌到蛋乳泥差不多冷却的时候，用保鲜膜盖起来，放在冰箱里。

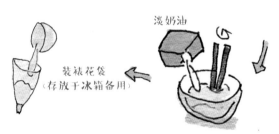

装裱花袋
（存放于冰箱备用）

淡奶油

4 当蛋乳泥变得冰凉以后，把100ml的动物性淡奶油打发到可以保持花纹的状态，和蛋乳泥混合，并用橡皮刮刀拌匀，香草奶油馅就做好了。

提示 蛋乳泥煮制的火候很关键，因为含有面粉和玉米淀粉，所以一定要煮至沸腾，不然会有生粉味儿。但又不能煮过头，否则蛋乳泥会变得太浓稠，甚至结块。

香草奶油馅！

蛋乳泥做好后，用保鲜膜盖好，可以在冰箱保存2天左右。

香草奶油馅非常可口，填在北海道戚风蛋糕里，真的和吃冰激凌一样。还可以加在泡芙里，做泡芙馅儿。

【食材】

鸡蛋🥚 4个　色拉油 30g　低筋面粉🥣 35g　牛奶🥛 30g

细砂糖🥄 50g（加蛋白）　细砂糖 30g（加蛋黄）

1 把鸡蛋的蛋白和蛋黄分离。要保证盛蛋白的碗里无油无水。

湿性发泡

2 分三次往蛋白中加入细砂糖，并打发到可以拉出弯弯尖角的湿性发泡的状态。然后放入冰箱冷藏备用。

色拉油

牛奶

蛋黄

3 蛋黄加细砂糖，打匀。再加入牛奶和色拉油打匀。

低筋面粉过筛

4 筛入低筋面粉，并拌成均匀的面糊。

5 先盛 1/3 蛋白到蛋黄面糊里，用橡皮刮刀轻轻拌匀，再把拌匀的面糊重新倒回蛋白盆里，继续用橡皮刮刀翻拌均匀（拌好后的面糊浓稠、细腻、均匀）。

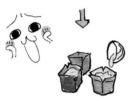

180℃ 烤 15 分钟

6 把面糊装入纸杯五六成满即可，千万不要装得太满。放进预热好的 180℃ 的烤箱，烤 15 分钟左右，至蛋糕表面金黄即可出炉。

7 蛋糕放凉后，用裱花袋插入蛋糕中央，挤入香草馅，至蛋糕表面微微鼓起即可。

放凉以后

香草馅如冰激凌一般美妙，加上绵密的蛋糕，简直是完美的结合！

提示 做这款蛋糕，蛋白只需要打到湿性发泡，可以让蛋糕的口感更加绵软。

北海道戚风蛋糕一般用 120ml 的方纸杯来制作，当然圆形纸杯也可以。需要注意的是，烤之前，每个纸杯的面糊不能超过 6 成满，否则烤的时候面糊会溢出来。

零基础奶酪蛋糕

🌸 饼底制作

【食材】

手指饼干 60g　可可粉 3g　黄油  20g

提示 本方子使用 6 寸模具。用这种做法做的饼底超级好吃，怕麻烦可以用奥利奥代替。

手指饼干

黄油

1 把儿童手指饼干打成粉状。

2 黄油隔水加热熔化。

5 盖上保鲜膜，冷藏备用。

可可粉

保鲜膜

3 把饼干粉、黄油、可可粉拌匀。　4 倒入蛋糕模具，用勺压平饼底。

🌸🌸 蛋糕制作

【食材】

奶酪 250g　白糖 50g　淡奶油 100g　鸡蛋 2 个
白朗姆酒 10g　柠檬汁 10~20g

1 奶酪加白糖，隔水加热，拌匀。

2 拌匀后，拿出来冷却，加入淡奶油拌匀。

3 鸡蛋打散。

4 蛋液、朗姆酒、柠檬汁加入拌匀。（自己尝下味道）

5 倒入模具。

6 烤箱底层的盘子装 2/3 的水。预热至 160℃。

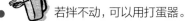

提示

● 若拌不动，可以用打蛋器。

● 柠檬汁用新鲜柠檬挤，味道最好。

7 用 160℃烤 50 分钟，烤到蛋糕表面呈金黄色即可出炉。自然冷却后，放冰箱冷藏 4 个小时，然后脱模并切块食用。

烫面轻奶酪蛋糕

方子参考：妃娟老师

【A组】奶油奶酪 100g 牛奶 42g

【B组】低筋面粉 35g 牛奶 45g

【C组】蛋黄 45g

【D组】蛋白 90g 细砂糖 42g

提示 本方子使用6寸不粘模具。

1 将【A组】中的奶油奶酪隔水软化，用刮刀拌至柔滑。

2 奶油奶酪中加入【A组】中的牛奶，用蛋抽搅拌均匀。

3 【B组】加入【A组】，用蛋抽和成面糊。

4 把装有【A组】和【B组】混合面糊的容器放入有开水的锅中，隔水加热和搅拌，至划过面糊，痕迹不马上消失。加入【C组】蛋黄拌匀成蛋黄糊。

蛋黄糊

5 【D组】打发成蛋白糊（方法见P156）。将蛋黄糊倒入蛋白糊，拌匀，倒入模具。

6 将模具放入烤盘，倒入约1cm高的室温水。

7 烤箱提前预热至180℃，入烤箱后转为150℃，烤70~75分钟。（因烤箱开门后会降温，所以提高温度预热以保持温度。）最后如果发现表皮上色不够好，可以放最高层，或者调高上火，烤1~2分钟加强色泽。

提示 刚出炉的蛋糕较脆弱，不要立即脱模。待其自然冷却后再脱模（千万不要像戚风蛋糕一样倒扣冷却）。脱模后放入冰箱，冷藏4个小时以上再切块食用。

巧克力酱

免烤芒果奶酪蛋糕

【食材】

奶油奶酪 250g　淡奶油 100ml　黄油 40g

芒果 500g（250g 打成果泥，250g 切块备用）

白砂糖 30g 吉利丁片 3.5 片（18g 左右）或鱼胶 20g

消化饼干 120g + 可可粉 6g 或奥利奥 120g

提示 本方子使用 8 寸模具。

1 黄油隔水加热和打碎的饼干、可可粉拌匀；倒入蛋糕模具，用勺压平饼底；盖上保鲜膜，冷藏备用。

2 芒果取肉，一半打泥，一半切块。

3 淡奶油加糖，打发至原体积的2~3 倍。(此步也可以在第 4 步后做。)

4 鱼胶在冰水里搅匀成透明状，用细网沥干；奶油奶酪放室内回温变软，把装有奶油奶酪的容器隔温水加热，用打蛋器搅打至糊状，加入鱼胶拌匀，放入冰箱冷藏备用。（如果打得不够细腻，可以丢进料理机里打。）

5 打发的淡奶油、芒果泥、冷却后的奶油奶酪一起拌均匀，先倒一半至做好饼底的模具里，再铺满芒果粒，再把剩下的全倒入；抹平表面后用保鲜膜包好放入冰箱冷藏 3 小时即可。

提示 将打发的淡奶油与奶酪糊混合时，一定要使两者达到相似的浓稠程度和相似的温度，它们才能完美混合在一起。所以第 **4** 步要把奶酪糊拿去冰箱冰一下，帮助混合。

熔岩巧克力蛋糕

方子参考：君之

【食材】

黑巧克力（可可含量 72%）70g　低筋面粉 30g

蛋黄 1 个　无盐黄油 55g　细砂糖 20g

鸡蛋 1 个　朗姆酒 1 大勺（没有则用水代替）

提示 本方子可用 5.8cm×4cm 的纸模做两个。

黄油　黑巧克力　鸡蛋　蛋黄　细砂糖

1 把黄油切成小块，和黑巧克力一起放入大碗中，隔水加热并不断搅拌至完全熔化。然后冷却至 35℃ 左右备用。

2 把鸡蛋和蛋黄打入另一个碗中，加入细砂糖并用打蛋器打发，至稍有浓稠的感觉。

朗姆酒

3 把打好的鸡蛋倒入黑巧克力与黄油的混合物中；再加入朗姆酒，用打蛋器搅拌均匀。

4 筛入低筋面粉，用刮刀拌匀巧克力面糊。

5 把拌好的巧克力面糊放入冰箱冷藏半个小时。

6 把冷藏好的面糊倒入模具，7分满。放入预热至 220℃的烤箱烤 8~10 分钟。

7 趁热食用。

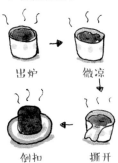

提示

● 鸡蛋用常温的，比冷藏过的好。

● 熔化的巧克力不要超过 40℃，第**3**步，巧克力冷却至 35℃后再混合。

● 纸杯大一点好，每个人纸杯大小不同，烤的时候盯着比较好，表层稍鼓即可。

● 吃不完可冷藏，之后再吃时，用微波炉中火加热 15 秒即可。

简易版冰激凌

【食材】

淡奶油 200ml　纯牛奶 50ml　白糖 50g
蛋黄 2 个　盐一点点　柠檬汁（可用白醋代替）几滴

1 两个鸡蛋，只取蛋黄。蛋黄里加糖和柠檬汁，用打蛋器搅拌均匀。（加柠檬汁或白醋是为了去掉蛋黄的腥味，让冰激凌的味道更好。）

不能停

牛奶

2 牛奶小火加热，待表面冒泡时立刻关火！把牛奶倒入第 **1** 步的蛋液，一边加一边快速搅拌，不然要变成蛋花汤了！

— 小小火

3 再加一点点盐，把搅拌好的蛋液倒回锅里，一边加热一边快速搅拌！全程都要搅拌，直到蛋奶液呈浓稠状态,关火,放凉备用。

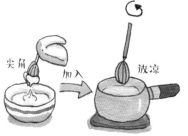

尖角　加入　放凉

4 打发淡奶油（打蛋器提起来会出现硬硬的尖角即可）。把打发的淡奶油倒入上一步放凉的蛋奶液里，搅拌均匀，得到冰激凌液。

巧克力 🍫 隔水熔化

抹茶粉 🍵 直接加入搅拌

水果味可以选择加入

果粒 🍇 果泥 🥮 果酱 🍫

你想吃什么口味的？不管是巧克力口味，还是抹茶口味，还是各种水果口味的，可以在这一步一起加进来了！不加就是原味。

冷冻 3 小时

5 把混合好的冰激凌液倒入一个干净的容器里，盖上盖子密封，或者盖上保鲜膜密封，放进冰箱冷冻室里，冷冻 3 个小时以上就可以吃了！

西瓜冰沙

保鲜膜

1 西瓜瓤切丁放碗里。盖上保鲜膜。

2 放冰箱冷冻 4 小时以上。

3 拿出在常温下静置 3 分钟，倒入搅拌机搅碎即可。

疯狂的西米露

🔺 煮西米

西米

1 水煮开后加入西米，边煮边搅，不然会粘锅。

2 煮 15 分钟至西米呈半透明（中间有白点），关火焖 10 分钟，至西米变透明。

3 煮好的西米过冷水，把黏液冲洗干净，备用。

提示 做好吃的西米露，当然要先煮出又嫩又有嚼劲的西米。煮西米的时候需要边煮边搅拌，防止粘锅。

煮之前对于西米的处理，有的说泡，有的说不泡。我没有泡，我用的是比较小的那种西米。

▲▲ ▲▲汁类的选择

选择 1 水果汁
▲▲▲▲▲▲▲

果肉和牛奶打泥，浓稠度依据自己的口味。芒果口味的比较经典。

选择 2 椰汁
▲▲▲▲▲▲▲

椰浆加糖煮开，或者椰浆和牛奶 1：1 加糖煮开，甜度按自己口味调整。

选择 3 酸奶
▲▲▲▲▲▲▲

酸奶直接倒入即可。

选择 4 牛奶汁
▲▲▲▲▲▲▲

牛奶加糖煮开味道更好，甜度按自己口味调整。

选择 5 咖啡
▲▲▲▲▲▲▲

用速溶咖啡加冰块即可。

▲▲▲ 配料的选择

选择 1 水果
▲▲▲▲▲▲▲▲▲▲

芒果西米露

芒果肉切丁，加入打好的芒果汁即可。

牛奶木瓜西米露

木瓜切丁，加入牛奶中即可。

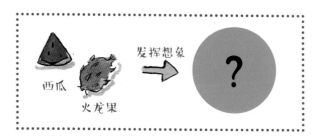

椰汁香芋西米露

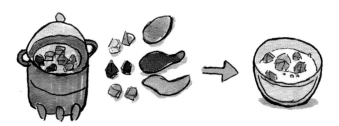

将香芋（或者紫薯、红薯）切块蒸熟，和椰汁一起放入西米里即可。

选择 3 红豆
▲▲▲▲▲▲▲▲▲▲▲▲▲▲

红豆西米露

 红豆煮好后加入牛奶中即可。

　　西米露就是将西米煮好后按自己口味选择西米露里的汁和配料的一道连线题。我已经举了很多例子了，自己发挥想象吧！

┌─────────┐   ┌─────────┐   ┌─────────┐
│ 煮西米 │ ┄┄┄> │ 汁类的选择 │ ┄┄┄> │ 配料的选择 │
└─────────┘   └─────────┘   └─────────┘